精力管理手册

为意志力充电

张萌 著

中信出版集团 | 北京

图书在版编目（CIP）数据

精力管理手册 / 张萌著 . -- 北京 : 中信出版社，
2019.4 (2020.11 重印)
ISBN 978-7-5217-0272-9

Ⅰ. ①精… Ⅱ. ①张… Ⅲ. ①成功心理—通俗读物
Ⅳ. ① B848.4-49

中国版本图书馆 CIP 数据核字 (2019) 第 050168 号

精力管理手册

著　　者：张萌
出版发行：中信出版集团股份有限公司
（北京市朝阳区惠新东街甲 4 号富盛大厦 2 座　邮编　100029）
承 印 者：北京尚唐印刷包装有限公司

开　　本：880mm × 1230mm　1/32　　印　　张：11　　字　　数：230 千字
版　　次：2019 年 4 月第 1 版　　印　　次：2020 年11月第 7 次印刷
书　　号：ISBN 978-7-5217-0272-9
定　　价：59.00 元

服务热线：400-600-8099
投稿邮箱：author@citicpub.com

作者 张萌

新浪微博：@ 张萌 _ 萌姐

时间效率管理专家、畅销书作家、“下班加油站”创始人、“极北咖啡青年创新加速器”创始人、“立德领导力（LEAD）”创始人、“年度影响力作家”。帮助了 500 万青年人提升个人影响力和职场竞争力。代表作:《人生效率手册》《加速：从拖延到高效》。

北京市工商联执委，北京市朝阳区工商联执委、商会副会长，共青团北京市朝阳区第十二届委员会常委，北京市朝阳区青联常委，北京市通州区建设及青年人才培养工作荣誉顾问，北京师范大学荣誉校友，北京师范大学企业家校友会副会长，中国管理科学研究院智库专家。

曾担任北京奥运会火炬手，获得“全国巾帼建功标兵”“北京市优秀中国特色社会主义事业建设者““北京市创业导师”“首都十大教育新闻人物”“北京市三八红旗手”“北京市朝阳区国际高端商务人才”“朝阳榜样”等赞誉，其创业故事被团中央评为“最美青春故事”，“下班加油站”被评为“朝阳人才工作重大项目”。于 2017 年、2018 年登上纽约时代广场大屏幕。

2019 年第五次参加博鳌亚洲论坛，作为青年企业家代表受到李克强总理接见。

我的最新课程都会在个人公众号“张萌萌姐”中发布。
扫描下方二维码，回复：精力管理手册，领取我送给读者朋友的 3 个福利，总价值近千元，有疑问请在公号留言联系客服。

福利一

价值 498 元	青年大会门票 1 张

福利二

价值 299 元	《如何成为高效学习达人》音频课程 1 套，共 11 节

福利三

价值 128 元	《人生管理课经典十二讲》音频课程 1 套，共 12 节

张萌萌姐公众号：zhangmengmj

这是一个异类的部落。只属于那些为梦想坚持，为自己负责，坚持自我提升，帮助他人，追寻人格榜样的异类。在这里，早起者张萌 _ 萌姐以身作则，陪伴大家成长。

目录

第二部分
为体能充电

第二章　学会充电：好体能是高效能的基础

第三章　正确休息：排解压力的关键

第三部分
为意志力充电

第四章　情绪账户储值：活力充足的钥匙

第五章　为意志力充电：重塑思维的渠道

第四部分
做好精力管理，实现高倍速人生

第六章 反复铭刻术：自我修炼的秘籍

第七章 构建精力蓝图——掌控人生的工具

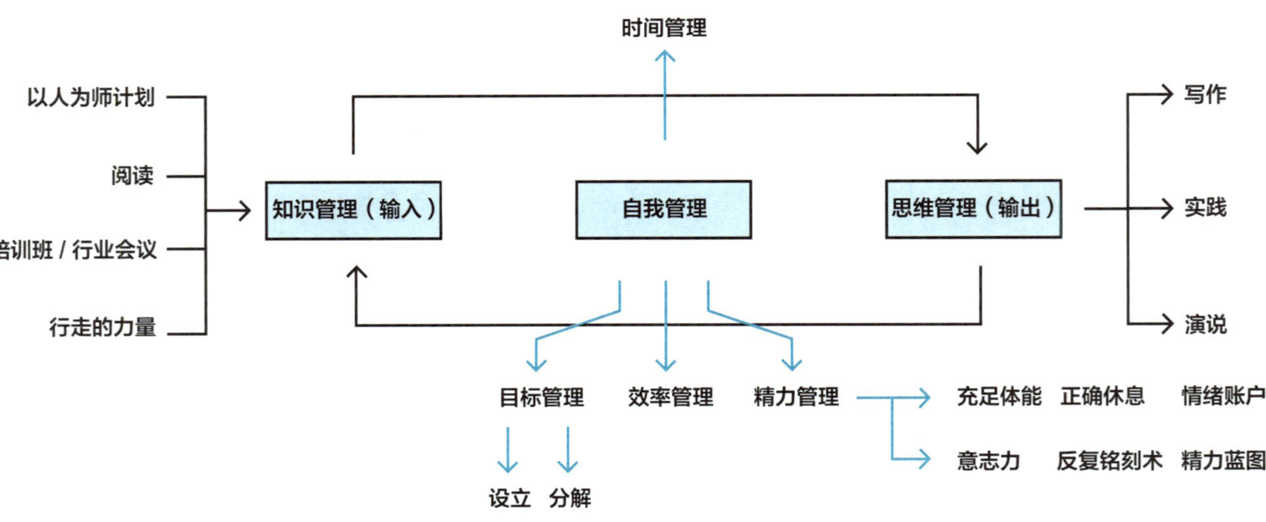
人生效率体系
时间管理
以人为师计划
阅读
培训班 / 行业会议
行走的力量
知识管理（输入）
自我管理
思维管理（输出）
写作
实践
演说
目标管理
效率管理
精力管理
设立
分解
充足体能
正确休息
情绪账户
意志力
反复铭刻术
精力蓝图

前言

为什么你的时间总是不够用?

你是否经常感到精力不足，工作效率不高，从而导致时间不够用呢?

在生活中，我常被很多人认为是精力管理的高手，也有很多人说我是一个天生的“电动小马达”，像一个能量十足的小太阳。他们之所以这么说，是因为我每周都要讲授线下课程，穿着七八厘米的高跟鞋从早上 9 点一直站到凌晨 1 点，连续工作十七八个小时，但状态始终都在线。课程结束后，我还会在晚上与粉丝进行直播互动。我是一个早起者，2019 年是我坚持早起的第 20 年。现在我每天早上 4 点多就在新浪微博、微信社群里打卡。我也常常会在微博上分享自己当天的工作日程。近几年，我每天都有满满当当的工作安排。朋友经常会向我请教，问我为什么可以在这样的高强度工作中，保持这么好的身体状态和精神面貌。

我想告诉你，我高效工作的秘诀就是一直严格按照一套精力管理方法执行，且行之有效。因此，我想与你分享我的精力管理方法，以精力管理为基础，从而提升效率，优化时间管理，更好地迎接工作与生活的挑战。

开始学习精力管理之前，我们首先要学会正确看待精力管理。不要把它看作一个人的天赋，而要把它看作可以被自己习得的技能。

精力，是一个复合概念，它包括四个部分：体能、情绪、思维和意志。精力管理就是我们通过主动调整自己，让自己的精力可控，让精力为我们服务。充沛的精力能确保我们持续保持高效能的状态。

在我看来，如果把我们自己比喻为电池，那么精力就相当于电池的能量，能量有输入和输出。我们每天看似在不断地消耗和输出能量，但其实不知不觉中我们也在输入能量。比如，你一定觉得每天做运动是挥洒汗水的过程，是能量的输出，但你同时也能获得精神上的愉悦和身体上的放松，这其实是能量的输入。总结下来，这一出一进不就是一种能量守恒吗？

我特别想告诉大家的是，精力管理不是一种一开始就能具备的能力，而是在逐渐修炼自我的过程中形成的。你练习得越多，管理精力的能力就越强。通过练习精力管理技能来提升精力，也是我的亲身经历。对我来说，学习精力管理更是改变人生的选择。

过去的我并不是一个精力充沛的人，就像是一块耗电特别快的电池。甚至在高强度的工作中，由于精力跟不上，我的身体出现过严重的健康问题。2016 年是我创业的第三年，那时我经历了人生的低谷，被检查出甲状腺有多处结节，而且结节增长速度快得吓人，从外部都可以摸得到。那时候，我特别想关闭公司。我把所有的时间都花费在医院，特别痛苦，无比焦虑。我咨询了很多名医和健康管理导师，都建议我切除甲状腺。当时我感觉很无助，担心自己无法应对工作中的挑战。

直到遇到了我认为跟他学习最有效的健康管理导师——华尔街英语创始

人李文昊博士。他现在已经 80 多岁了，每天还可以工作十四五个小时。他每日都进行器械训练、游泳，甚至还在踢足球，柔韧性拉伸更是不在话下。他告诉我，他在 40 岁的时候，跟我一样，也曾遇到人生的低谷期，但他通过自学与实践自愈了，而且健康状况一直很好。我听到后，重新燃起了希望。李文昊博士很慷慨地教会了我在平衡工作、学习、生活等方面的很多技巧，帮助我打开了通往精力管理的大门。李文昊博士是我最好的导师。

后来，我给自己安排了 150 天进行系统训练康复，包括饮食、休息、运动等。到最后，我把自己练成了一个精力管理意义上的践行者，而且是一个实战派。

按照这样的方法，我的甲状腺疾病居然康复了，30 岁之后的身体状况远胜于 20 多岁。现在的我，虽然每天工作强度很大，经常连续工作十几个小时，但我会雷打不动地每周进行四五次泰拳与其他健身训练，一年进行 300 多场全国巡回演讲，每年阅读 100~300 本书，连续创业，带领 3 家公司不断向前冲，走访了 44 个国家，连续 8 年每年出一本书，坚持早起 20 年……这些都是依靠我给自己制定的科学且可实操的精力管理方法实现的。

我可以用亲身经历来告诉你，每一个跌落谷底的时刻都是你迅速获取能量的时刻。纳西姆·塔勒布提出过一个概念叫“反脆弱”。我们在生活中不可避免地会面对压力、混乱、波动和动荡，但这会强化我们“反脆弱”的能力。利用低谷条件提升自己，就像风能助长火越烧越旺一样，这些低谷最终会给你力量，助你成长。你一旦能把握住这些，就会脱胎换骨，焕然新生。所以，我认为，知道不如做到，做到不如持续做到。学习知识是为了改变认知结构，改变自身行为，最终改变命运。

在低谷期，我为自己做了深度的“以人为师”计划，阅读了大量书籍，也参加了很多培训课程。我逐渐学会了如何让自己从精神到身体都能迅速获取新的能量，如何让自己拥有精力满满的状态以应对挑战。更重要的是，这种管理精力的能力是可以通过练习来不断强化的，且没有止境。这也是我要在这本书中给大家分享的管理精力的内容。

首先，你要给自己找到一个让自己重新焕发生机的时间点。用一个英文单词来形容就是 reshape（重塑），即开始用全新的眼光看待自己及周围的世界，像是重新活了一次。借由这样“重生”的体验，我总结出了一套精力管理的秘诀，而关键的是，这套秘诀可以被你习得、复制，帮助你实现“从 0 到 1”，越练越好。

举个简单的例子。一旦你掌握了游泳这项技能，无论过了多长时间，一旦把你扔到水里，你还是可以迅速运用这项技能让自己得以生存。精力管理也是如此。只要你学会它，即使刚开始还不会用，它也会变成一个你不能删除的“知识储备”，让你不知不觉地就会朝着这个方向去做。经过初始阶段有技巧的刻意练习，精力管理将成为你熟练掌握的技能。它将像呼吸一样成为本能，你再也不需要刻意去练习，就能在职场和生活中轻松掌控精力，像一节电力满满的电池，以充沛的精力维持高效的工作与生活状态。

其次，从此刻开始，把精力管理纳入你的视野。从现在开始，跟我一起练习精力管理的技能，掌控自己的精力状况，更好地安排时间，让你从此拥有充沛的精力，能高效率地应对工作与生活中的挑战。

很多人认为，20 多岁的人是不需要进行精力管理的。但我说过一句话，叫“凡事提前”，意思就是你做任何事情，最好能起到预防的作用，在发生之前先学习好，等发生之后，你就能轻松地处于领先的位置。

你要开始重新认识并理解自己，对自己的要求要不断升级。因为从本质上讲，每个人都是演员，需要扮演好很多角色：在公司扮演大家的好领导、好同事，回到家后扮演好父亲或好母亲、好妻子或好丈夫，扮演父母的好儿女、孩子的好家长、朋友的好闺蜜或好兄弟，或者像我这样要扮演教师的角色。这对你的精力来说，是一个非常大的挑战。每个角色都需要你具备迅速进入状态的能力。一旦你放松了，社会对你的评价就是失职。不仅如此，这也会影响你对自己的评价，甚至影响你的自信心。所以，在职场时代，我们必须提升自己的精力管理的本领，以充足的精力迎接来自各方面的挑战。

很多人会问，什么样的状况出现时，我就可以开始进行精力管理了呢?在做精力管理之前，你得问一下自己是否存在以下问题：

一 好多时候都觉得自己精力不够，经常犯困。

二 体重忽高忽低，或者持续肥胖，无法控制体重。

三 工作太忙，没有时间，总有借口不去做某些事。

四 因为焦虑而失眠，入睡困难或多梦易醒。

五 注意力下降，每次进入一个领域的时候，进入状态往往很慢，不像他人那样可以迅速锁定注意力并找到心流时刻（flow）。

六 疲于奔命的感觉越来越强。

七 觉得生活没什么意义。

如果你遇到了上述问题中的两个以上，那么你就需要学习精力管理了！

最后，要认识到精力管理才是时间管理和效率管理的前提。

我们身处各行各业，都需要处理好三个问题之间的关系，这三个问题是我们的工作和生活的根本，我把它称为“效能三角形”——即时间管理、效率管理和精力管理。

时间管理是教会你如何腾出时间，拥有更多的可控时间；效率管理可以让你迅速进入高效状态，拒绝“懒癌”和拖延症；精力管理能够支撑你在拥有更多时间的同时保持高效率，进入心流时刻与忘我体验中。你在这个过程中往往会有高度兴奋感和充实感，这就是所谓的心流时刻——同时拥有好体力与好精力，开心地把事做完。

其实，每个人都有很大的潜力可以被开发，大多数人使用到的自己精力方面的潜能不超过 10%。也就是说，你还有 90% 的精力潜能可以被开发出来。我相信，你就是自己最好的潜能导师。

在本书中，我将从 7 个方面讲述精力管理，包括：懂得控制情绪，才能活力充足；正确运用意志力来保证充足的体能；了解精力管理的本质，学会正确休息，从而排解压力；懂得为情绪账户储值；调配自己的意志力；利用反复铭刻术进行自我修炼；学会构建精力蓝图，有效掌控人生。我一直崇尚的做事标准是“凡事提前，未雨绸缪”，这样遇到事情时，自己就不会过于慌张。做精力管理时，你应该有提前预防的心态，对自己的精力状况有足够的了解，这是你实现目标的前提。这本书会帮助你成为一个精力管理的高手，以更好地实现目标。我期待能帮助你成为更好的自己。

第一部分
找到你的高能量时刻

第一章 如何管理疲惫和压力

1

精力管理是时间管理的前提

要想获得充沛的能量来高效地完成工作，我们首先要解决的是为什么我们每个人都需要进行精力管理的问题。我下面要说的精力，其实并不只是广义上的概念。

每天无数想法的产生正在快速消耗我们的精力。

英国一家实验机构统计，一个人一天会产生 6 万多个想法，其中有一些是正向的，另一些是负向的。正向的想法会引发积极的情绪，比如感动、开心、勇敢；负向的就是沮丧、生气、愤怒等情绪。

一个人一天能有 6 万多个念头，这就意味着平均每分钟就有 40 多个念头产生，无论开心与否。而这些念头有些是自发的，就算你不跟外界产生任何联系也会产生一些念头。另外一些是受到外来信息诱导的，比如你在工作或学习的时候，有人找你说了些话，会导致你产生相应的情绪。

移动互联时代，我们大部分人的信息获取来自手机，我们已经离不开它了。一个人平均每天会看 200 多次手机。据 2017 年的数据统计，单是微信的每日平均使用时间就有好几个小时。所以，这么多干扰信息都在占据我们的时间，我们的精力自然消耗得更快了。

而精力管理不好，你将无法做自己真正想做的事情。

很多人并不知道自己需要进行精力管理，以为只要自己身体好就能做事，这是大多数人的认知误区。我们每个人在这个忙碌的时代中，都像一块电量消耗很快的电池。绝大多数人每一天工作完毕之后就像泄了气的皮球一样，本来打算晚上与家人共进晚餐，或是愉快地过个周末，可还没到家就已经什么也不想做了，只想上床睡觉。有时候，你兴致勃勃地使用了“赢·效率手册”，做了一天的工作计划，可到下午就感觉大脑缺氧，整个人的体力和精力不再充沛。但这个社会中也有另外一类人，他们的“电量”持久，能做很多事情，并且精神状态一直很好。

充沛的精力是可以通过精力管理训练得到的。

以我自己为例。今年是我创业的第六年。我每天工作十几个小时，白天有高强度的工作，晚上要直播授课，休息时间自然有限。但了解我的人都会发现，我每天在工作期间基本都是精力满满的。正因为我常年坚持这套精力管理方法，才能保证精力充沛和高效率。

请记住，精力管理是一项基础能力，是可以修炼的。也就是说，通过对精力管理的学习和实践，你完全可以从一个精力状态非常不好的人变成一个精力管理达人。

那么，怎么判断自己是否需要进行精力管理呢?

总的来说，精力不足有三种具体表现：

第一种表现，是最常见的，就是精力消耗特别快，但没有任何能量补给。有的时候你感觉自己明明还能够坚持，但其实已经被“掏空”。比如，你参加了一场很长的会议，慢慢地，注意力就开始下降，很难再集中。或者有的时候我们想精心安排自己的时间，晚上陪家人，但一到晚上你就会发现，仍然有工作在困扰你的大脑，使你不能聚焦于家庭生活，不能自如地切换场景。从表面上看，你似乎需要时间管理，但是不先做好精力管理，时间管理谈何容易。

第二种表现，休息效果差，精力恢复水平差。

让我们继续用电池来做比喻。休息效果差其实就是你无法给自己的电池充电。我平时会教授个人品牌课程，也助力企业家制定个人品牌战略。在跟企业家朋友们沟通具体工作时，他们会跟我说：平时你安排我出去演讲，包括有时候进行新书签售活动，我确实是情绪高昂的，但到了晚上我还是会处于兴奋状态，入睡特别困难，导致一整晚都睡不好；有时候即使保证了睡眠，但醒来后依然感觉像没睡一样，甚至比睡觉之前更加疲惫。

你的身体在提醒你，你没有成功地给自己充电。一个人的能量输入很重要。你的身体从本质上来说就是一台能量守恒仪，你不仅要消耗能量，还要输入能量，这样才能保证能量守恒。当然，能量输入不够，除了睡不好，还会有食欲不佳、心情不好、即使运动也不能得到放松等表现形式。

第三种表现，精力不足导致心力不统一。

所谓“心”（mind），就是想法、目标；所谓“力”（skill），就是你的能力。精力不足会使你的目标和能力不匹配。比如，你的心中装有一个大大的梦想，特别想做成一件事，但是你的“力”跟不上，也就是没有力量去实现它，这就是心力不统一的表现。这本质上还是你的精力管理能力不足，导致身体失衡。

不知道这三点当中，你被戳中了几点？如果你多多少少有这样的状况，那么你就要好好地学习精力管理了。

前两年，我写了关于时间管理和效率管理的书，读者们都很喜欢。也有很多人问我，精力管理和时间管理、效率管理是不是一回事，是不是只要做好一个就行了呢？**在这里，我要郑重地告诉你，它们完全是不一样的概念。**

时间管理，本质上是要扮演好多重角色：你在扮演着员工、学生、子女、夫妻、家长等多个角色，你需要学会在每个角色之间不停地切换，因为每个角色的扮演场景都不一样。时间管理就是帮助你在不同的场合中灵活地切换你的角色。

效率管理，就是提升单位时间内你做事情的数量与质量。对于效率高的人来说，别人做一件事的时间，他能完成两件事。长期来看，如果一个人比另外一个人效率高两倍，那么他相当于活出了两倍于其他人的人生。

还有一种效率，是注意力的集中。有时候，效率不高的人并不是故意想拖延或能力不行，而是无法集中注意力去做一件事。我特别喜欢的一种体验就是心流时刻，它是指把你所有的精力真正地注入你的内心，让你能够投入百分之百的精力，真正把一件事从头到尾做完。甚至你在做一件事的时候，能沉浸在当下，忘记时间的流逝。

我经常有心流体验。我全年会乘坐 150~160 次航班，基本上每两天就要坐一次飞机。当我在飞机上时，基本上都可以全情投入工作或看完一本书，其间我可以完全忘记周遭嘈杂的声音，甚至忘记周围的一切。还有早起时刻及写作这本书的时候，也是我的心流时刻。我每天早上 4 点多起床，能很快进入心流时刻，或看书，或写作。当我能够全身心投入去做一件事情的时候，我会体验到这样一种感觉：自己的身体被赋予了能量。每次进入心流体验时，我完全没有累的感觉，反而能在其中得到休息，收获自由。

以上这些都属于效率管理。**精力管理在人的自我管理体系中是比时间管理、效率管理更为基础的一项底层能力。**精力管理其实是最本质的，可以说它是时间管理和效率管理的前提，是一种能量管理，能让你自己达到一种可持续发展的能量平衡的状态。

那些成功的人，比如职场中的高手，或《财富》世界500强的CEO（首席执行官），都是非常注重能量平衡的。其实，那些精力旺盛的人并不是装出来的，也绝对不是刻意表现的结果，精力管理是长期修炼的结果。这就是为什么我的这第八本书要讲精力管理：通过精力管理术，讲授能量管理的方法，你会了解到底什么是你的能量，什么不是你的能量。你可以每天依据自己的喜好，有选择地输入能量，学会运营、管理你的能量，最后学会控制能量输出。

同样是消耗能量，经过能量管理训练的人，会懂得适当地释放他的能量。但是绝大多数没有经过能量管理训练的人，并不知道什么叫能量输出，也不会有规律、有步骤地把能量慢慢释放。我们需要了解一个人的能量守恒的价值，而精力管理的秘诀就在于一个人的能量管理。

本节复盘

根据本节列出的精力不足的表现自测并记录。

2

精力管理的金三角模型

三角形有一个特质，就是稳定性。如埃及金字塔、三角形框架、起重机、三角形吊臂、屋顶、三角形钢架、钢架桥和埃菲尔铁塔都是以三角形形状建造的。经常学习我课程的同学都知道，我从不用 PPT（演示文稿）讲课，全靠手写板书。而我最喜欢用的有两个图形，一个是三角形，一个是圆形。精力管理是研究人的稳定性的，其关注点在人的能量管理上，因此我提出了精力管理的“能量金三角”模型。

精力管理的“能量金三角”模型包括能量的输入、输出与守恒。但首先，你需要了解精力管理的好处。

精力管理靠的不是天赋，而是有意识的练习。

很多人都以为，精力充沛是天生的、遗传的，其实并非如此。精力管理的水平确实与身体素质有关，但更与你的能力和修炼方法有关，天赋在其中所占的比重并不是决定性的。

就像我们学游泳一样。一开始不会游，但通过训练，游泳技能就能实现从 0 到 1 的突破，有的人甚至能进行横跨几千米的长距离游泳。精力管理也是这样，按照正确的方法多加练习，你的精力管理能力就会得到提升。

第一，精力管理能够有效支撑你的身体健康训练计划，使你得到更好的训练效果。

我小时候身体不好，经常生病。上学的时候，书桌上全是药瓶，很多同学甚至取笑我将来要嫁给药厂的老板。班级中只要有一个同学感冒，我必定被传染。后来为了提高身体素质，我给自己制订了长跑计划，坚持下来，我的身体素质果真得到了明显的改善。

我现在 30 多岁，穿着高跟鞋能连续站十多个小时，一刻不停地给学生们讲课，在教育培训界被称为“体能王”“励志姐”。有一次我们公司举办长跑比赛，在 10 千米的赛事中，我获得了女子组第一名。更值得说明的是，加上男生组，我的成绩也可以排到第四名，而参赛人员中不乏 90 后、95 后的男生。这足以证明，刻意的练习让我拥有了非常好的健康状态。

那么，如何进行精力管理呢？很多人说，首先需要做好时间管理。没错，我也在不断地管理自己的时间。但我在上节就说过，精力管理要先行于时间管理。因为它真的可以帮助你更好地完成时间管理，提高效率，助你全面提升。

第二，精力管理可以帮你化压力为动力。

面对压力，很多人会选择逃避。但很多时候压力可以成为我们前进的强大动力。所谓没有压力，哪有动力。

第三，精力管理可以显著提升休息、放松的效果，让你的冲刺更有劲。

有人认为生活是一场马拉松，但是我想告诉大家，生活其实是由一系列短跑冲刺和休息拼接而成的。不要认为休息、放松是在浪费时间。我认为放松是为了有效产出，是为了积蓄能量，让你的下一次拼搏更高效。

第四，精力管理可以帮助你实现目标驱动，这是一种比回报驱动更强大的驱动力。

我们做事情都需要有驱动力，很多人是以物质回报为驱动力的。但要知道，这样的驱动力不会长期有效，因为有没有回报对我们来说并不是一种高度可控的选择。所以这样的驱动力也不在我们的掌控范围内。

第五，精力管理可以让你养成好习惯，用习惯推动你轻松做事。

很多人认为，我能够坚持高效率工作和生活，是靠自律和意志力来实现的。但我必须告诉你，很多时候自律并不靠谱，意志力也会崩塌。唯有养成习惯才能真正推动你一步一步到达想达到的境界，实现你的目标。

第六，精力管理让你轻松实现全情投入，进入心流时刻。

我用亲身经历告诉你，进入心流时刻去工作，也就是拥有全情投入的时间，带给你的满足感和幸福感是最终让你发展事业，从 0 到 1，从 1 到 N 的真正秘诀。

说了这么多精力管理的好处，接下来我将讲述掌握精力管理的具体方法。**这就是精力管理中的“能量金三角”模型，包括能量输入、能量输出和能量守恒。**

所谓能量，就是我们做事情的动力。能量对于人体来说，就像汽油之于汽车的存在。一个能量管理做得好的人，就像是一辆性能好、耗油量低的车，加一次油就能开很远。通过能量训练，达到能量守恒，你就会像一辆耗油量很低、跑得很久又很稳健的车，似乎有用不完的精力。下面我会依次来解析“能量金三角”模型的这三个部分。

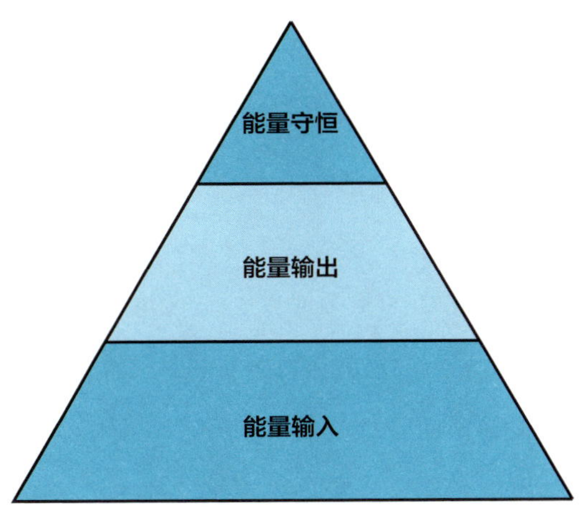

张萌“能量金三角”模型

一、能量输入

能量输入包括呼吸、饮食管理、睡眠、运动的一整套方法体系。

第一，呼吸。

学习和练习深呼吸技巧能够让你快速释放压力，高效积聚能量，为你的意志力充电。很多人都是一直靠意志力做事的，但意志力不是万能的，它很容易被消耗殆尽。通过深呼吸，你会获得深度的放松，为你的意志力充电。

第二，饮食管理。

健康的饮食习惯能为你提供更充足的能量输入。我对于饮食方面一直有严格的要求。作为“极北咖啡青年创新加速器”的创始人，我在早期创业阶段就会请人专门照顾我们整个团队的饮食，让其按照食谱准备食物，每天都让我们吃得非常健康。除了吃，喝水实际上也是一种能量的输入。如何喝水也是有方法的，错误的喝水习惯会损害你的健康。

第三，睡眠。

高质量的睡眠是精力的重要来源，是你体力和精力的有效保障，可以让你在白天保持思维的敏锐度。轻盈的大脑能让你随时掌控思维。同时，思维管理又是情绪管理的重要前提，负面情绪容易使你的能量流失速度加快，所以一定要避免陷入极端情绪中。这需要非常敏锐的思维感知能力。

第四，运动。

运动能带给我快乐，能促进新陈代谢，能为身体储备能量。同时，它让我获得了轻盈的身材和好看的肌肉线条。这都是定期锻炼的结果。

二、能量输出

要做好能量输出，就要学会掌控自己情绪释放的节奏与力度。

每天我们都会积累大量负面的情绪，这会给我们带来压力。如果你不及时排解压力，能量消耗就会非常快。比如，本来你今天精力满满，突然发脾气或吵了一架，接下来你就会感觉到身体像被“掏空”，没有精力，也无法做接下来的事情。为什么会有这种感觉？就是因为你的能量消耗速度太快了，情绪释放的节奏失控了，压力没有被正确地排解，这就会耗费你很多能量。

因此，能量管理的又一个关键环节，就是学会控制能量输出的节奏和力度。

我曾经是一个情绪暴躁、遇到问题容易指责他人的人，这些错误的思维方式导致我的情绪管理能力很差，精力消耗速度非常快。经过对能量管理的理解和学习，现在的我脱胎换骨，遇到压力时很容易想通，不会通过发脾气来解决问题。虽然我一直语速较快，性子也急，但是现在身边的人觉得跟我很好沟通，容易达成合作。其实正是通过精力管理，我才越发变得强大。控制了自己情绪波动的同时，我也为自己储存了充沛的精力。

实现这个转变的关键是对能量输出的管理，也是对思维的训练。

如何排解压力是关键所在，包括如何掌控你生命的节奏感、如何降低你身体能量消耗的速度，以及如何定期更新你的精力，这些都可被称作能量输出。

三、能量守恒

能量守恒就是每日让自己保持情绪平稳。

平稳的情绪对精力管理是非常重要的。每天保持情绪平稳，不能太亢奋、太难过或太生气，情绪大幅波动会让自己的精力消耗非常快。要学会变换你的频道，获得正面的情绪和情感；要学会建立良好的人际关系，好的人际管理能够支持你的精力，是你不断经历再生、不断重新成长的关键；学会给你的情感账户储值，让你的每一天能量满满；学会训练有效思维，以正向思考来获得放松；学会提高创造力，重塑你的大脑，为你的意志力充电。

我说过，习惯养成也是降低能耗的关键所在，习惯才是高效的基础。要养成好习惯，让好习惯成为你身体的仪式环节，因为仪式感能让你的身体降低能量损耗。要学会为自己制订健康管理计划和精力管理计划，这是十分重要的。

磨刀不误砍柴工。我会在最后一章讲到如何帮助你规划人生蓝图。绘制一份人生蓝图是想要你知道，一栋楼盖错了，重新推倒再盖要耗费巨大的精力，这远远要比你按照计划的步骤去做消耗得多。所以制订计划看似会慢一些，但是经过精心的准备和筹划，等到真正做事时，你的速度就会加快，也更加有效。

所以，真正懂得精力管理的人，会先设计好人生蓝图，制订好具体的实施计划，为人生制定战略，然后一步一步去实现它。

因此，我希望你能够重新定义什么是精力管理。精力管理不只是对精力的管理，它真正管理的是一个人的能量，而能量就是我们做一切事情的前提条件。

本节复盘

本节介绍了精力管理的“能量金三角”模型、什么是真正的精力管理。可以先列出你日常实施过的精力管理的方法，与下几节我们即将介绍的方法对照。

3

如何应对体能不足？

有人会问，体能好到底意味着什么？我认为体能好的人就像加满油的汽车，油加得足够多，汽车就能畅通无阻地行驶。

我初中的时候，坚持锻炼这件事让我的人生发生了巨大的转变。当时我身体特别不好，为了提升我的体能，我妈妈督促我每天早上在家旁边的体育场跑步，那里的跑道每圈有 400 米。刚开始时，我早上六七点去跑步，连一圈也坚持不下来，跑完气喘吁吁、脸色煞白。我当时觉得，运动是一件相当恐怖的事。

想放弃时，我看到了一位 80 多岁的老爷爷。他说他每天能跑 8 000 多米。我暗暗告诉自己：如果不能坚持跑完一圈，那我干脆把今天的跑步结果变成日后的起点，每天比前一天多跑 100 米，这总能做到吧？我想了想，觉得咬咬牙还是可以坚持的。所以第二天跑步时，我就硬撑着坚持跑了 400 米，第三天跑了 500 米。后来经过了几个月的训练，我成功地做到了每天跑 8 000 米。

后来，我信心满满地去参加学校的秋季运动会。当时有一些赛事的参赛名额已满，唯独一项赛事没有人报名，那就是女子 3 000 米的长跑比赛。我觉得自己可以挑战一下，于是就报了名。比赛之前，我仍然坚持每天跑 8 000 米。要知道，有 8 000 米的训练存量再去挑战 3 000 米，简直就是小菜一碟。最后，我果然获得了比赛的第二名，仅仅比体育特长生慢一点儿。同学们都为我欢呼，甚至把我举了起来，他们非常开心，认为我很厉害。

我想告诉你的是，坚持定期锻炼，真的可以有效提升体能。

我在朝阳区工商联担任商会副会长。2018 年我们组织了 10 千米健步走活动，参加者都是企业家，大部分人都有四五十岁。当天我也组织了我的几位微博粉丝一起参加，他们大多是 80 后、90 后，甚至有部分人是 00 后。所以大家在比赛之前都信心满满，觉得自己这么年轻，体能一定比企业家们好。这些年轻的队友刚开始还是领先的，但没过多久，他们就像泄了气的皮球一样，完全落后了。比赛中途就全败下阵来，改成“散步比赛”了。而那些年长的企业家前辈一直坚持跑完，有些人甚至跑得越来越快。

我一直都有锻炼的习惯，比赛结果自然领先。比赛结束后，我就问这些年龄较大的企业家，他们为什么跑得这么快，体能怎么可以这么好？究竟是怎么做到的？他们笑呵呵地跟我说：“我们体能好的秘诀就是每天锻炼。作为创业者，我们是非常注重自己的身体和能力训练的。”

而那些90后呢？我又问他们对于败下阵来、比不过他们父辈企业家的这件事，有什么想说的。他们有一堆借口，比如，前一天晚上没睡好；平时工作、学习忙，没有时间锻炼；等等。

大多数人被问到锻炼这个话题的时候，都会以一个字来回应——忙。没有时间运动是因为忙，没有时间好好吃饭是因为忙，没有时间学习也是因为忙，好像“忙”这件事情充斥在每一个人每一天的工作、学习与生活当中，仿佛“忙”就是你可以不做一切事的借口。你总有这样一种逻辑——因为没时间，所以你就可以理直气壮地不做应该做的事。

我们真的应该反思一下，这样说、这样做真的是正确的吗？

很多四五十岁的企业家需要顾及方方面面，他们压力大、应酬多，难道不比年轻人忙吗？但是连他们都可以抽出时间锻炼，我们有什么理由以自己忙为借口，说自己没时间锻炼呢？

越是没有体力，精力就消耗得越快，工作效率就越低下，你的时间就越无法掌控，而缺少锻炼正是一个恶性循环的开始。

锻炼身体，提升体能，刻不容缓。请从此刻开始积极行动起来，从今天开始，不要等到明天。那么，为了锻炼自己的体能，我们该从哪些角度入手呢？

拿电池打个比方，我们的体能是由三个方面决定的，第一点是充电，第二点是耗电，第三点是蓄电。充电决定了体能的输入，耗电决定了体能的消耗，蓄电决定了体能的维持。实际上，这三点中的每一点都有其内在方法论。把握好这三个方面，并坚持做到，就能提升我们的体能。

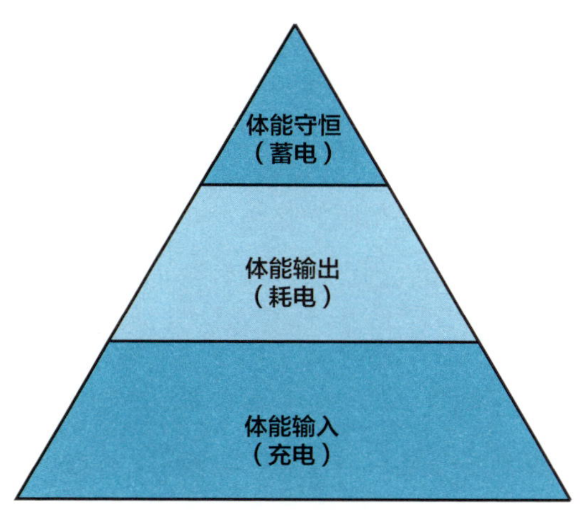

张萌"体能金三角"模型

一、充电

充电，可以从力量、耐力、灵活性和恢复力这四个维度来理解。

第一，力量。你能举起 1 千克、2 千克，还是 10 千克的哑铃，这其实就是力量大小的区别。力量决定了一个人的爆发力，就像跑步比赛最后一米的冲刺，其实就是一个人的力量大小的体现。

一个人的力量有多大，不是天生的，而是训练的结果。体能就像肌肉一样，好看的肌肉线条是练出来的。没有人刚出生就拥有好看的肌肉线条，都是慢慢地经过刻意练习，体形才变得好看的，力量也同样是经过训练之后的结果。刚开始你可能没什么力气，但持之以恒你就可以让自己变得很厉害。

第二，耐力。耐力是否持久，取决于你平时的训练。如果你的训练时间足够长，耐力也会较大，你就拥有了持久力。

三年前，我刚学泰拳时，只打一轮就会面色苍白，气喘如牛，整个人就像要晕过去一样。那个时候我就告诉自己，你已经掌握了长跑的能力，实际上，泰拳和它的训练过程是类似的。任何耐力都是长期坚持训练的结果。所以，慢慢地，我咬着牙完成了第一年的泰拳训练。一年后，我惊奇地发现自己的体力和耐力有了质的飞跃，我从只能打一轮，到现在可以轻松地连续打八轮。要知道，八轮的强度相当于专业运动员的水平了，这就是耐力。

第三，灵活性。这里的灵活性是指一个人快速反应的能力。比如在泰拳训练中，教练在攻击你的时候，你能不能快速判断拳从哪边出、你该往哪边躲，以及如何做出反馈，这就是一个人的反应能力。快速反应能力同样是可以被训练出来的。如果有条件，我建议你找一个专业的健身教练，向他提出训练要求，请他在灵活性上对你进行训练。

第四，恢复力。它指的是一个人的静态恢复能力。比如我打一轮泰拳后，体力匮乏，我会用深呼吸的方式，让自己体内最大限度地吸入氧气。吸—呼—吸—呼—吸—呼，一共进行三次，可以让自己快速恢复体力。这是我经常使用的运动中的体力恢复方式。但如果你要实现整体体力恢复，睡一个好觉是可以帮助你的，这也是人体每天的昼夜规律。小睡也是不错的方式，用较短的时间却能恢复较多的体力，它就像是你的充电宝。

对于体能训练来说，你可以从这四个角度入手，全方位地提升体能。

二、控制耗电

控制耗电，就是控制自己每天、每时、每刻的情绪释放。

你必须学会有节奏地消耗体力，如果没有节奏，那么体力消耗速度是很快的。这就是为什么很多人上午还元气满满，下午就如同干瘪的气球一般，这就是不会掌握耗电节奏。

那么如何保证耗电有节奏呢？至少你要做到一个“不”，叫“不生气”。我们发火、吵架，耗电速度就会加快，很快你就没有体力做任何事情了，只想休息。这就是耗电速度太快的结果。

三、蓄电

蓄电的本质是一个人的习惯。

一个人习惯了做一件事情之后，做事情就会十分轻松，甚至节省了思考的空间。因为思考本身也是非常耗能的，如果你不用过多地思考就能把一件事情做好，这就降低了对大脑的能量消耗。

所以，养成好的习惯在本质上就能够帮助你减少电力的消耗，也就完成了蓄电的工作。所以请谨慎使用电量，千万不要使用过度。

希望你可以用“体能金三角”，即“充电—耗电—蓄电”模型来看待一个人的体能管理，掌控自己的能量。达到能量守恒才是精力管理的基础。

本节复盘

审查一下自己的体能状况，回顾本节讲述的“充电—耗电—蓄电”的模式，分析自己的“体能金三角”。

4

什么造成了精力分散？

很多人都有精力分散的情况，这个问题要从外部和内部两个方面去找原因。

先说外部原因，外界的压力会分散你的精力。我们在生活中接触的人和事，会通过各种形式考验我们，测验我们的反应。比如领导突然布置一个任务，看你能否迅速完成，这就属于外部压力。而外部的人和事，会进一步引发内在的变化。

外部的压力不可避免，但是内在的精力分散是可以得到改善的。 所以我在本节要跟大家分享的是关于精力分散内部动力的三个主要原因，包括拖延症、过强的情感偏好和体力不足。

一、拖延症

很多人都觉得自己有拖延症。人们往往明白一件事情是需要按时完成的，但是主观意愿跟行动就是不统一，行动常常被推迟，这就是拖延症。

有时候，拖延症会受到抵制情绪的影响。

举个例子，你单位的领导极具人格魅力，那么这位领导说什么可能都是对的，你会愿意按他的要求做事。但如果你不喜欢这位领导，他又给你布置了相对比较难完成的任务，你就会觉得这很难接受，因此内心会产生抵制情绪。

有时候，拖延症就是单纯的拖延。

比如上级布置的任务难度太大，导致你根本就不知道如何开始，如何分解任务，因此导致了你的拖延。有的时候拖延并没有什么特殊的原因，就是单纯的拖延。有时候你可能因为身边大多数人都在拖延，所以既然是集体行为，自己当然也不想将自己跟他人的不同暴露于外部。

关于治疗拖延症，我还是很有话语权的。这些年，我从事教育教学工作，不论是在线上还是在线下都治好了拖延症和“懒癌晚期患者”。他们听了我的课，看了我的书后，就开始改变自己拖延的习惯，有的人用了几周就能开始改变了。他们早上能做到早起，加入我们的早起打卡群、健身励志群等。我为了激励他们，也经常把自己的每日行程和状态发到微博上，做大家成长的榜样与同行者。我认为最好的教师不是最会说教的教师，而是教授的每个方法都有用，都是亲身实践的成果，并且说到就能做到，对学生提出的要求，自己也都可以坚持做到。

二、过强的情感偏好

情感偏好，就是喜欢或不喜欢。如果你的精力分散，很可能是因为你没有找到自己真正热爱的事。

如果你对工作不满，每天早上醒来，一想到自己即将要做的工作内容，你可能就会觉得厌烦，没有开始的动力。对我来说，**理想的创业人生应该追求从0到1，去做自己既喜欢又能赚钱（或有价值）的事。**

在这个时代，我对于创业的定义有自己的理解。我认为当下的互联网时代，每个人都是创业者。在这里，创业是广义的，不是你必须雇用员工、注册公司、建立团队。其实，在新的时代，每个人都可以做创业者，我把这种主要依靠自己的智慧来独立自主开创事业的模式，叫作“智慧创业”。

智慧创业，首先要从“创”字理解。“创”指的是从0到1，它是你开天辟地的一件事，比如《圣经》里的《创世记》。其次是“业”字。“业”有两方面的含义，一方面指的是一个人的“事业”，而不是职业，这就需要你选择自己喜欢的、热爱的事情作为你的事业；另一方面，“业”在现代汉语中有“财产”的含义，简单来说就是钱或有价值。

把“创”与“业”结合，引出的“智慧创业”不同于普通创业，它是指每一个人这辈子来到这个世界都会去做一件自己既喜欢又赚钱（或有价值）的事。想想看，如果每天早上你一醒来就能想到，今天我又要开始做自己既喜欢又能源源不断赚钱（或有价值）的事情了，这件事是新鲜的，是让你感到快乐的，那这样的生活会特别美好。

但是，事实总与之相反。你现在可能没有找到自己所爱，包括你对于自己未来的定位也是迷茫的。在数年的教学生涯中，我指导了很多迷茫的学生，他们没有方向，没有激情，人云亦云地过着自己不喜欢的人生。其实在我看来，他们缺少的正是一份人生蓝图。这份蓝图可以指导我们的奋斗方向，去完成自己喜欢做的事情。

如果没有蓝图，人生没有目标，也很容易分散精力。

用建造房子来做个比喻。其实大多数人在开启人生、准备建造人生大楼的时候非常随意，没有图纸，而是草率地带着施工队就开始建造。从第一层建到第二层，结果在人生的某一时刻突然发现，原来自己想建的并不是这栋楼，或者这栋楼从一开始就建错了，于是干脆把这栋楼推倒，重新建造。

要知道，有规划的人生与没有蓝图的人生的本质就差在时间上。很多人是过了半生后，猛然想明白，才回过头来补充这份蓝图。但是，总有一群佼佼者会事先规划蓝图，多方验证，确定这份蓝图没问题了，再去盖楼。可能他们在刚开始时确实要比别人做得慢一点儿，付出的多一点儿，但是他们成长的加速度是很快的，因为他们明白自己到底要做什么。每天醒来就确定这些是自己想要的人生，而且是自己既喜欢又赚钱的事，这就是做一份科学的人生蓝图所带来的好的结果。

我认为普通人跟那些厉害的高手之间，就差三个字——时间差。所以，快乐的人生的奥秘就是帮助自己找到一件喜欢的事，并且能够沿着人生蓝图一步一步继续走下去，那么你每一天自然都会有充足的精力。

这就是我说的导致精力分散的第二个内部原因。因为你没有找到自己喜欢的事情，没有规划好自己的人生蓝图，所以你会精力分散。如何找到自己既喜欢又赚钱或有价值的事情呢？我在最后一章会为大家讲解。

三、体力不足

我在前面讲了体能训练，包括能量输入、输出和守恒。体能充足确保了你的精力充足。很多人上午精力状况还很好，但是到了中午，精力状况就开始不稳定了。我建议你画一个横轴坐标和一个纵轴坐标，横轴是 X 轴，代表时间；纵轴是 Y 轴，代表你的精力值。

你不妨做一个统计，从波动的精力值中了解自己每天的精力波动规律，从而安排好自己的日程表。

每一年我会在线下课堂教很多学生绘制精力波点图，它是一个精力管理的评估工具。我用 X 轴与 Y 轴来描绘他们精力状况的变化。X 轴是时间，从早上起来到晚上睡觉，每一个小时画一个格。Y 轴是你的精力值，从 0 到 10 分。10 分为精力状况最好的时候的评分，0 分为精力状况最差的时候的评分。关于应该给自己打多少分，其实没有统一的评分标准，你可以以任何一个时间为基准。比如我通常将早上起来的那个时间定为精力状态的基准值，打 3 分。那么接下来的每个小时，我都需要自测一次，跟前一个小时的数值相比，自己精力状态是好一点儿了，还是差一点儿了。然后在 0~10 分中，选择一个数值作为当下这个时间点的精力值。当你描绘完一整天的数值以后，你就会看到自己这一天的精力波动，包括波峰、波谷在哪里，也就是最高点和最低点在哪里。你同样会了解自己的精力不足有时候跟你的体力不足是呈正相关的，而体力不足可以通过睡眠、运动和饮食的能量输入进行改善。

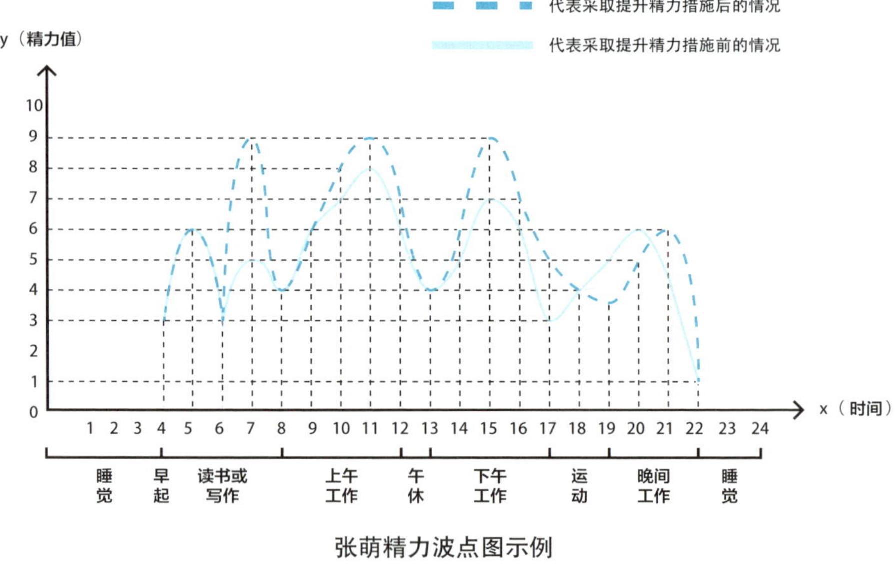

张萌精力波点图示例

通常我会连续绘制 7 天的精力波点图，求平均数值，来描绘自己的精力状况，以客观地了解自己每天的精力情况。这是你时间管理的基础。

我的精力管理方法是一整套知识体系，这套体系的每一个部分都像一个零件，零件与零件共同组成了人体发动机。所以，你如果能够把所有的零件都连成一台机器，这台机器就会越运转越完美。这就是精力管理的过程。

想要有针对性地改善精力，做出变革，需要三步法：目标、事实、行动。

这三个步骤就是变革人生系统的过程。如果你想改变你自己，就要通过这三个步骤去保证这种变革是有持久性的，三者缺一不可。

第一步，明确目标。

面对自己固有的习惯和维持现状的天性，第一个挑战就是如何依照我们最深层的价值去分配精力。也就是说，认真思考你每一天做的事情，哪些是有用的，哪些是无用的。你需要把最旺盛的精力分配给那些最有益于实现你人生理想的事情。如果人们花费了大量精力去做无用功，把最好的精力给了那些最不重要的事，那么真正留给我们去完成人生目标的精力就会非常有限，这就是不会分配精力。以上说的就是建立目标的过程，当你在做目标梳理的过程中学会了根据愿景分配精力，你就会感觉这是一块好钢用在了刀刃上。

第二步，了解你的基础条件。

前面我说的精力波点图的规律，其实是了解基础条件的一种。你还可以根据你的体能状况、情绪状况，以及你的思维意志力的状况，来进行精力分配。这都属于事实方面的描述。

第三步，行动。

行动就是根据所有内容去确立一份 To Do List（行动清单），这包括你要做的所有的事情。关于具体的行动清单怎么确立，我会在后面的章节里给大家进行详细的拆解。

本节复盘

知道自己精力分散的原因，在主观方面有三个可以努力的方向：第一，克服拖延症；第二，找到自己喜欢的事物；第三，储备充沛的体力和精力。用三步法，即目标、事实、行动去改善你的精力状况。

5

避免靠强撑走入恶性循环的误区

你是否发现，有些人特别努力，他们每一天都在拼搏，但是收获却非常有限。在忙碌的表象背后，普通人和那些有成就的人，本质上到底有什么不同？

这一节我会和大家分享低效忙碌背后的强撑机制，以及如何进入游刃有余的工作状态，用七步法找到自己的人生价值所在。

普通人在忙忙碌碌的时候，一定会走入一个强撑的误区。所谓强撑，就是你在体力不支的情况之下，还要尽力去完成你设定的目标。强撑有三个特点：第一，体力不支；第二，意志力消耗极大；第三，承受的压力巨大。你强撑到最后可能会心力交瘁。你可以通过以下四个问题来判断自己是否在强撑。

第一，你每个月有没有用额外的时间来冥想、思考、学习？

首先是冥想。很多非常成功的企业家每天都会用一段时间进行冥想或深度思考，以重塑自己脑中的战略布局。瑞·达利欧在《原则》这本书中写道，人生带给他最大价值的就是冥想。什么都不做，静静地度过一段宝贵的时光，这个过程十分重要。那么，你有没有能力抽出这样一段空闲时间，比如每天半小时，用来冥想？如果挤不出这种时间，试问你这块“电池”是如何更新的？

具次是思考。你的战略布局和创新的想法不能光靠做。很多人做的比想的要多得多，这样就会陷入一种只做事而不思考的僵局。而思考的力量是巨大的，通过思考，你才能不断地调整前进的航向，最终拥有更广阔的平台与发展空间。

最后是学习。很多成功的人会用周末甚至工作日的晚上来学习，比如上培训班、补习班，或者进修学位。2016 年，我创办了“下班加油站”(一款线上教育 App)，为希望成为未来企业领军者的职场人服务。“下班加油站”正是关注那些希望切实改变与提升自己的职场人，帮助他们脱离职场困境，拥抱未来。

如果你很久没翻完一本书，或者很久没听完一整节课了，我想说，你在人生这条河流中可能处于一种倒流的状态。人生如逆水行舟，不进则退。

第二，你的情绪是否稳定？

不良情绪会伤害周围的家人、朋友、同事，使你得不到应有的人际支持，同时使你陷入糟糕的状态，浪费精力，耽误你要做的事。

请你现在就问问自己，为什么要这么拼？你能否马上想出一个理由？如果你有一个明确的让你开心的理由的话，那么恭喜你！你现在拥有一种值得肯定的状态。如果你找不到一个理由，或者说找不到一个有效的理由，你可以试算一下自己单位时间付出的成本和收获的价值是否成正比。同时再想一想自己所谓的这种付出与得到的性价比之间的关系是什么。如果你无法保持自己情绪的稳定，平时一直在带着情绪做事，那就是在强撑。

第三，压力很大的时候是否有释放的通道?

也许你经常认为自己压力过大，需要找到宣泄的方式，比如购物、大喊，甚至是争吵，这其实都是你释放压力的通道。你能否找到一种高效减压的方式？你有没有一种能够持续帮助自己减压的通道，并拥有设计减压通道的能力？如果没有，你的压力就会一直存在，你就是在强撑。

第四，你的自我成长速度是否足够快?

人生是一个自我迭代的过程。在我的第七本书《加速：从拖延到高效，过三倍速度人生》中，我详细地讲述了如何升级人生的赛道。如果你升级了自己的赛道，就能明显提升你前进的速度。更换赛道也是一个重要的话题，赛道的不同是强撑和游刃有余的重要差别。

我给一个美容院老板提供过咨询建议。她的企业每年有500万元的收入，她每一天为小店忙碌，每一年付出的成本是巨大的，她觉得自己一直处于一种强撑的状态。我跟她说："如果你时时处处都以'忙'作为借口，你就要想一想，自己是哪里出了问题，为什么那些厉害的人能比你多做10倍、20倍、100倍甚至更多的事情？"

从表面上看，忙没有问题，但是你的单位时间价值产出比实在是太低了。我和这位老板谈完后，我帮助她重新设计了商业模式。这时她才恍然大悟，意识到自己根本就没有找准自己的最大价值，没有找到自己的关键能力，也没有把资源通过时间实现价值最大化。

后来我们再见面时，她说她的营业额增长了两倍，达到了1 500万元。我说，如果你再升级你的思维和格局，还可以再翻番。升级了思维方式后，她拥有了更多属于自己的思考与自我提升的时间。后来，她在微信朋友圈展示的不是在健身就是在参加培训或读书会，企业营收半年就达到了3 000万元，是最初的6倍。思维升级的效果是实实在在的。

你需要回答一个问题：

你为哪些人，解决了什么问题，提供了什么方法。

如果你能回答这个问题，那这就是你的价值所在。我把这个问题称为"你的神话"，也叫作你的"人生蓝图"。

以我自己为例，我的书和课程为想要改变自我的职场人解决了拖延症与"懒癌"反复发作的问题，提供了时间管理、效率提升与精力管理的方法。这其实就是我的价值。当然，我在做这些事情的时候非常开心，因为我的读者和学员通过看我的书、听我的课程、接受我的辅导后，能不断地迭代自我，收获成长。这些年，我见证了他们的人生发生的巨大改变，我很有成就感，为此感到欣喜。这是一个不断给他人创造价值，从他人的成长中获得自我成长，帮助他人取得成就的过程，这个过程让我觉得充实、幸福、快乐。

如果你也想找到这种快乐，请你在笔记本上写下以下几句话：

你为哪些人，解决了什么问题，提供了什么方法。

在一般情况下，能为别人解决什么问题这一点，需要直击痛点，而且越痛越好。请不要找那些不痛不痒的问题，因为越痛就会有越多人找到你，你满足了大多数人的利益。比如，我一直致力于帮助想要改变自己的职场人和家庭，解决拖延症、“懒癌”等持续干扰个人成长的问题，而这些问题一直以来都是大家的痛点，每个人都曾或多或少地受到这方面的困扰。而我提供了“人生效率”体系，帮助大家顺利地做好自我管理；提供了“财富金三角”体系，帮助人们找到了人生蓝图，并创建个人营收模型，不断增强自己的单位时间货币价值。所以，你如果要为他人找到痛点，就要不断地问自己，你找到的痛点是否够“痛”，是伪需求，还是大家切切实实的需要。

为了帮你找到人生价值，我会和你分享有效的七步法。

第一步，列出技能。列出你所有的技能。比如擅长与人打交道，会思考，为人冷静、镇定。

第二步，列出兴趣所在。比如喜欢购物，喜欢跟朋友们约会、聚餐。

第三步，寻找特长和兴趣的最大交集。比如你擅长联络、沟通，同时喜欢品尝美食；或者你喜欢健身，又同时喜欢约上三五好友一同锻炼，那么就可以将这种所谓的技能选项和你喜欢做的事情连成一条线。

第四步，找到榜样人物。以吃和社交为例，观察周围的人，是否有人经常把大家组织在一起品尝美食并能够产生盈利价值？就像美食社交 App（手机软件）大众点评的最初雏形，其实不就是把喜欢美食的一群人聚在一起的吗？那么，美团创始人王兴有没有可能是你自己的榜样人物？

第五步，描述榜样人物的生活状态。你可以通过社交媒体去了解一个人的生活状态。其实我的生活日程在社交媒体上基本是公开的，除了家庭的部分，我的粉丝可以在我的微博上看到我什么时候运动了，什么时候去学习了，我读了什么书，上了什么课，产生了什么样的想法。我还经常会直播介绍、迭代我最近学习的收获与思考。你可以用这样的生活状态作为参考，看看是不是自己喜欢的。

第六步，你是否期望成为榜样人物。如果你觉得你只有 50% 的地方和榜样人物相似，而不是 100%，那么请你描述一下，你是否想让自己的另外 50% 也与他相似呢？而你又希望把生活过成什么样子呢？

第七步，设置规划路径。这其实就是设计人生蓝图。关于人生蓝图的设计，我会在最后一章详细讲述。在这个步骤中，你需要寻求导师的帮助，并找到合适且能帮助你卓有成效地提升竞争力的课程，从 0 到 1 去做一件你既喜欢又能有收获的事。

本节复盘

强撑不是可持续发展的人生状态，唯有找到内心的梦想，找到自己喜欢做的事，才能每天开心地拥抱美好的生活。
找到自我价值的七步法：
第一步，列出技能；第二步，列出兴趣所在；第三步，寻找特长和兴趣的最大交集；第四步，找到榜样人物；第五步，描述榜样人物的生活状态；第六步，你是否希望成为榜样人物；第七步，设置规划路径。

6

建立精力管理自我评估体系

很多人都觉得做任何事情只要使劲干就可以了，但是我想告诉你，不加思考只是蛮干，效果往往不好。我们在做规划之前，先要了解自己的精力状况，这就需要以“能量金三角”为基础，去建立一套精力管理自我评估体系。这就好像教师会通过考试来评估学生是否掌握了知识点一样。其实，考试成绩不是最重要的，最重要的是我们有没有掌握知识点。

我曾经在《张萌时间》栏目中，对话新浪微博高级副总裁王雅娟，我问她：“雅娟教师，您本科是在北京大学读的，为什么高考成绩这么好？”她说，通过看一道题，她能够深入理解其背后所考察的知识点。其实，那道题就是在用各种各样的方式来考察你是否充分理解了老师所教授的内容。试题对她来说，就是评估自己是否掌握概念的一种方式。通过这种评估体系，她不断地完善了自己对概念的理解和认识，

图 1 《张萌时间》栏目，张萌对话新浪微博高级副总裁王雅娟

最后在成绩上超过了大多数同学。

雅娟教师的经历对我的启发是，我们做精力管理，也需要有一套评估体系。2016 年，在我的身体垮下去的时候，为了做好精力管理，我第一步要做的就是认真思考应该怎样为自己建立一套评估体系。我们必须要承认，每个人的评估体系的构建是不同的。接下来，我会提到几个评判标准，你要认真地想一下，0 到 10 分，你会给自己打几分。

如果分数都比较低，建议你制作一份属于自己的评估体系。

每个人建立的评估体系就是一个能量的金三角，最底层是能量输入，中间是能量输出，上面是能量守恒。能量输入指的是你如何吸收能量，能量输出指的是你如何使用能量，能量守恒指的是如何保持均匀地分配，让你的能量可以一直支撑你的体力，以保证精力充沛。

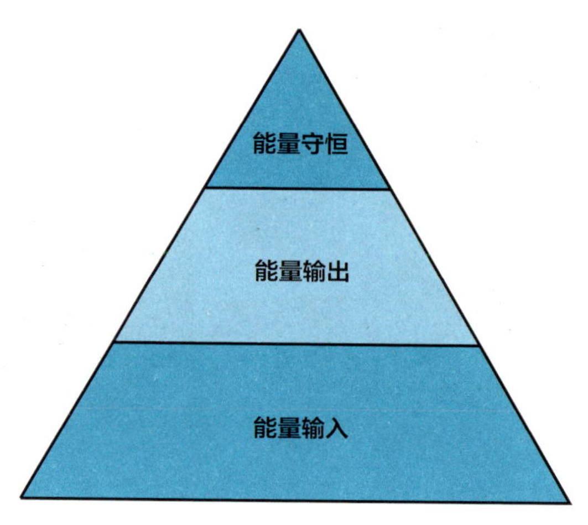

张萌“能量金三角”模型

一、能量输入

第一项是时间分布。能量输入就是为你的意志力充电。要想判断能量输入的好坏，我们可以参考体能状况的好坏。还是按照从 0 到 10 分进行评估，请问你自己的体能怎么样？一个人每一天的体能其实不是均匀分布的，你不妨把早、中、晚划分为三个时间段，然后依次评分，最后算出总评分。

第二项是饮食习惯，即你的饮食是否健康、规律。后面我会特别讲到饮食这一节，所以请暂时把你的饮食习惯做一次自我评估。需要注意的是，由于每个人每个阶段的认知深度不同，这套评估体系的建立也会随着时间的推移发生改变。当你的认知程度加深的时候，你的评估体系也会做得越发深刻。其实没有所谓的标准答案，适合自己的就是最好的。

第三项是喝水。水是身体里各项代谢过程的重要组成部分。我会严格要求自己大量喝水。很多人信奉 8 杯水的理论，但我每日的饮水量远远不止这个数。你可以客观地评估自己的喝水量是否充足？很多人喝水很少，是因为懒得上洗手间，嫌麻烦，这是一个错误的观念。缺水会拖累你身体的精力，甚至影响健康。

第四项是睡眠。你每天是否很容易入睡，是多梦还是完全不做梦，每次醒来的时候是感觉精力满满，还是感觉就像没睡一样，全身疲惫？这些睡眠的细节，需要你从 0 到 10 分进行评估。

第五项是小睡。你每天有没有刻意让自己的身体得到放松？比如，一个 20 分钟午睡可以为自己充电。

第六项是好身材。这不是说你一定要刻意塑形，甚至参加选美比赛。这里说的好身材指的是你身体的基本指标，包括肌肉率、脂肪含量等。身材本身是你自己对自己提出的一个要求。如果你有好身材，它不仅是身体健康的体现，也将让你收获更多的自信！

第七项是运动。很多人都是偶尔想到才去运动的，没有形成固定的频率，这种运动的效果并不好。对于任何运动来说，如果没有计划都等于没有运动。我特别喜欢一句话：没有事情会随随便便发生，一切成功都是计划的一部分。那么，充沛的精力就全部来自你的认真计划和坚定执行。所以，你要关注自己运动的计划性和执行的效果。

如前文所述，我刚开始打泰拳时，经常感到体力不支。后来通过有计划的训练，我发现自己的体能越来越好。我现在打一场泰拳平均能打 90~100 分钟，一周可以打四五次。每一次泰拳训练后，我还会跟进做 500 个腹肌训练。所以，任何事物在本质上都可以慢慢地提升，持续地改善，但没有一蹴而就的事情。这个过程其实就是帮助你循序渐进地让自己变得越来越厉害。

二、能量输出

能量输出指的是让你能够排解压力，让你的睡眠得到改善。想一想你现在拥有哪些排解压力的方式，并把它们写下来，看看其中哪些是有效的、经济的、可持续的，并按照这几个指标为自己打分。

我有一些学生在压力大时就喜欢买东西，其实这件事是不可持续的：第一，购物是需要时间的；第二，它需要有一定的物质基础做支撑。所以这一方式很不靠谱。要知道，压力是随时随地都可能产生的。你需要一套综合且有效的方法。

三、能量守恒

能量守恒要从情绪、思维、习惯、目标这四大维度考量。

第一是情绪。你是否有良好的人际关系？从 0 到 10 分，你能给自己打几分？你的情绪管理能力强不强？可以打几分？在情绪管理中，创造力是很重要的。很多人都会问，这跟创造力有什么关系？一个人如果碍于现状不思进取，他每天都会过得不开心。创造力其实是让我们迸发额外精力的一种非常棒的方法。那么，关于创造力，你能给自己打几分？

第二是思维。你是否每天都有正向的思维？你是遇到一些事情就会不开心，还是说你遇到事情会帮助自己排解。

第三是习惯。我认为，养成好习惯，关键看你是否有仪式感。什么叫仪式感？就是你做一件事，就像在进行一种仪式一样，让你觉得它非常神圣。以我自己为例，每天早上，我都会早起在微博和微信朋友圈发早安问候，有时候我会用“下班加油站”打卡，和我早起微信群里的小伙伴们一起排名，我还会秀一下榜单。这个打卡的过程对我来说就是一种仪式感。仪式感能让我轻松地形成习惯，所以我做很多事情都在想办法把它变成一种具有仪式感的行动。你也可以思考一下你做事是否有仪式感，在这一项，你能给自己打几分？

第四是树立人生目标。

人生就如一个创业修行的过程，如何才能找到自己喜欢的事？首先你要问问自己，你的价值观是什么，你是否有平台或渠道去输出你的价值观，是否能找到一群跟你志同道合的小伙伴，不断助力你实现梦想？

一旦树立人生目标，你就不会迷茫，否则人生就如身处迷雾之中，浑浑噩噩。这个时候，你需要建立一套精力管理的自我评估体系，通过能量输入、能量输出和能量守恒来评估自己。

在整本书中，我会尽可能详细地描述能量输入、能量输出，以及能量守恒的板块，你可以根据我的讲述，不断地优化你的评估体系。我建议你读完本节后，就着手为自己画一个“能量金三角”。“能量金三角”中涉及一些维度，你可以用一张图谱来判断你在哪个指标上做得很好，哪些是自己还需要提升或完善的。再针对自己的不足，列出一份可改善的方案，每天不断地完善自己。这就是我们终生要做的事。

本节复盘

精力管理的“能量金三角”模型包括能量输入、能量输出与能量守恒。通过这个金三角模型，你可以为自己构建精力管理评估体系，并不断地完善它。

第二部分
为体能充电

第二章 学会充电：好体能是高效能的基础

7

体能是适应万事的基础

很多人认为，体能是与体育运动相关联的，这一点我非常不赞同。上学的时候，我们有体育课，还有体能测试，很多同学（尤其是女同学）一到体能训练时就开始皱眉。但大家实际上并不知道到底什么是体能。我在课上多次讲过，我们受到的教育并没有清楚地告诉我们为什么要学习，这就让我们对学习产生了逆反心理。然而，当我们成年时，我们才缓过神来，并开始重新思考为什么要学习。

要想弄清楚体能到底是什么，先要了解体能的定义。在所有关于体能的词语当中，有一个短语最早来自美国，它的英文叫作 Physical Fitness，从广义上来讲就是人体适应外界环境的能力。在英文文献中，体能是指身体对某种事物的适应能力。我非常喜欢这种解释，我认为对适应能力的界定包含两点：第一，外部世界是在变化的；第二，你的身体是如何调试的。德国人对体能训练的解释是“一个人的工作能力”，法国人称其为“身体适性”。我更喜欢德国人的解释，没有好的体能，一个人就根本不具备赖以工作的基础。

我认为体能是区分创业者的创造力和他能取得多大成就的基础，是其赖以生存的生命基础。看看我的行程安排，你就会了解，在我的助理帮我每周安排身体训练的时候，她知道我对锻炼的重视程度是优先于工作的，也就是体能在前，工作在后。

我们再来看看百度词条对体能的定义——体能是通过力量、速度、耐力、协调性、柔韧性等运动素质表现的人体的基本运动能力。也就是说，它是一种运动能力，同时它的表现是多方位的。比如，一个人是否有力量，力量有多大，这都属于体能的一部分。

同时，我对速度深有体会。刚开始进行泰拳训练的时候，我的速度很慢，反应也很迟钝。练了几年之后，我的反应速度就相当快了。我的教练是训练专业拳手的，有一次训练，他却被我误伤了。在那次模拟训练中，我仔细分析了我跟教练的优势与劣势。我的教练比我高很多，我可以用肘部去攻击对方的三角区域。于是我趁其不备，直接一肘攻击了他的鼻子，瞬间把他击倒了。他说在他 20 多年的教学生涯中，我是第一个让他反应不过来的学员（我觉得他说得夸张了）。不过运动确实让我慢慢了解到，速度是体能的重要组成部分。

就像我在前面提到过的泰拳训练，耐力也可以通过训练练成。现在每次训练后，我还可以照常回公司工作。你的耐力不是由先天决定的，通过后天练习，耐力是可以提升的，同时你的意志力也是可以延伸的。

协调性也很重要。如果你与别人共同跳一支舞，你的手脚能否保持一致？你的肢体是接受大脑的支配的，而协调性其实就是这种一致性的体现。它也是与体能密切相关的。

柔韧性是什么？举个例子，让我印象非常深的是我们的一位导师——华尔街英语的创始人李文昊博士。有一次他来录制《张萌时间》对话栏目，在接受我访谈的时候，他做了这样一个测试：让几个80后、90后观众一起跟他比拼身体“折叠”，就是用手去摸脚尖，但腿和膝盖要保持直立。80多岁的他能轻松地把双手手掌贴紧在地面上，但是我们的80后、90后观众只能用指尖碰地，有的人甚至都弯不下去腰。中国有一句老话：“筋有多长，命就有多长。”柔韧性也是体能中重要的组成部分。

在我看来，力量、速度、耐力、协调性、柔韧性都是相应的人体体能基础。

你现在对体能是不是有一种全新的认知？“体能”不仅仅是个简单的体育名词，它还是精力管理的基础。回到李文昊博士的例子。我跟他已经认识6年了。最早我帮他设计个人品牌，之后我们就成了好朋友。他有两个团队，一个在中国，一个在欧洲。他每天的工作时间是15个小时，而且他是一位真心喜欢工作的人。用德国人对体能的解释来说，一个人的体能就是他的工作能力。而对李文昊博士来说，80多岁还能每天坚持工作 15 个小时的前提是，他的体能要过硬。他曾是足球前锋，每天要进行一小时的健身房训练，这使得他的柔韧性非常好。这样你就能明白为什么他有这么充沛的精力去工作了。

最关键的是，虽然年岁已高，但经过训练，他的体力越来越好了。他曾跟我说："你要相信我一定可以活到 100 岁！"李文昊博士并不是一开始就有这么好的状态，这是慢慢地修炼自我、雕刻自我的结果。他在传记中写道，他在 40 多岁的时候得了重病，企业也遭遇破产，整个人生都处于特别灰暗的状态。但是他重整旗鼓，开始学习，了解了什么是真正的体能，并保持充沛的精力，于是迎来了人生下一个成功时刻。体能是做一切事情的基础，是适应万事万物的能力。我希望你通过我的讲述，对体能的概念有新的了解。

就像李文昊博士的例子中所讲的一样，其实，体能是一块可以被充电的电池。刚开始，你的体能可以很差，但是经过长期的锻炼，这点可以得到提升。建议你在初期进行体能训练的时候，尽力去找专业和口碑较好的教练做指导。在选择教练时，一般我会遵循以下几条原则。

第一，口碑。我会参考朋友的推荐，判断我的朋友们的身体状况是否由不好转为好。其中，教练帮助他们改善状况所占比重有多大。如果教练很重要，那就说明这个教练的教学不是大纲式的教学，而是注重成果的教学。

第二，我刚开始会跟教练约几节测试课。比如他在某些方面对我进行指导时，我会问几个问题，如果他能应答自如，逻辑清晰，就说明教练在理论知识上得到了基础验证。你可以向教练提出训练目标，比如“一年内我要达到什么样的状态”，请教练为你拆解目标。

第三，你要通过观察，判断你跟教练配合的时候，自己是不是真的有提升。另外，你可以给教练设置一些小任务，比如请教练监督我一周训练三四次，如果我做不到的话，就给我相应的惩罚。让教练来监督你要比你进行自我监督更加有力。但要知道，自我监督和他人监督都是很重要的。

我还有一条不成文的选择教练的原则：我会选长得帅一点儿的教练，原因很简单，看到美好的人或事物，自己也会很愉悦。

总之，我们要用各种办法提升我们的体育训练能力，找到一个专业的教练，帮助我们在力量、速度、耐力、协调性、柔韧性方面做综合提升。你可以告诉教练，我希望能从这五大方面来完成自我提升，请你现在对自己进行评估，订立运动计划。

本节复盘

测试你的力量、速度、耐力、协调性、柔韧性这五大体能指标，并写出如何提升体能。你可以做一次自我评估，0~10 分，10 分为最高分，0 分为最低分，给自己打个分数吧！你可以把每天的身体训练计划写到你的“赢·效率手册”当中，作为你每月的必修课。

8

如何呼吸能够平静和深度放松？

很多人都觉得，呼吸这件事非常简单，为什么还需要学习？你可以思考以下几点：在你眼中，呼吸到底是什么？你能否用一句准确的术语来概括？你可能会觉得有点儿蒙，我都知道这是什么意思了，为什么还要问我概念性的术语？

我在教学中经常发现，很多学生好像掌握了一个名词的含义，但他们实际上只掌握了“自己理解的那个意思”，而不是这个名词真正的含义。其实，一系列名词都有其标准释意，比如“学习”和“体能”。但是很多时候，我们只是从自己的认知范围内去理解，而非基于标准定义去理解。你会发现，生活中出现的大多数问题，其实源于我们给自己造成的错误认知偏差。所以我希望通过这一节的讲解，让大家对名词解释有新的认知。

那么，到底什么是呼吸呢？

它的标准定义是指机体在外界环境中交换气体的过程。机体指的就是你，外界环境指的是外部世界。人的呼吸过程包括三个互相联系的环节。第一个环节是外呼吸，指的是肺通气和肺换气。把外部的气体吸进来的过程就是肺通气。什么叫肺换气？就是你的身体产生气体之后，把它排出去，即呼的过程，它指的是外部的呼吸。很多人对呼吸的理解只停留在第一个环节上，也就是外部呼吸，但它还包括后面两个重要的环节。第二个环节是气体在血液当中的运输，也就是你吸进来的一口气，会在你的血液中完成运输。第三个环节是内呼吸，指的是组织细胞与血液之间的气体交换。

呼吸对我们每个人来说都至关重要。如果你看过婴儿出生的过程，会发现婴儿刚出生的时候如果不哭，护士会马上拍打一下他，婴儿就会哭出来。为什么要哭出来？哭的本质到底是什么？因为婴儿在妈妈肚子里的羊水环境中和出生后的呼吸方法是不一样的，护士要检验他的肺部是否发育正常。这其实也是一个检验生与死的环节。

我小时候第一次觉得呼吸特别重要是 6 岁学游泳的时候。教练把我推到 1.8 米的深水区，我在水中挣扎，在这个过程中，我产生了深深的恐惧感，我发现自己已经不能呼吸了，感觉要被呛死了。成年后，我明白了被水呛到的过程其实是呼吸被剥夺的过程。

我们在日常生活中，有时候吃饭、喝水会被呛到，感到愤怒、郁闷的时候也会发现呼吸不顺畅。那你有没有想过，为什么你的呼吸会最先产生反应？

呼吸是能量的来源。很多人都知道“有氧呼吸”这个词，它指的是细胞在氧气的参与下，通过多种酶的催化作用，把葡萄糖等有机物彻底氧化分解，产生二氧化碳和水，同时释放大量能量的过程。这大概的意思是说呼吸就等于能量。**如果你的呼吸乱了，能量也就乱了，这就是为什么呼吸会跟能量有密切的关系。**如果稍微了解一些关于冥想的方法，你就会发现，冥想其实就是在训练你的呼吸，而训练呼吸其实就是训练你的能量。**从本质上来说，呼吸要先进行能量的输入，到最后通过能量的输出达到能量守恒。呼吸就是能量守恒的训练。**它的训练条件要达到两种统一，即外在统一与内在统一。处于一个安静的环境中，你就拥有了外在训练的环境。同时，你需要有规律地训练你的内在，完成精神的统一。这个时候你可以想象，随着吸气的过程，你能感受到气流已经进入你的身体，这股气流从你的鼻腔、头腔部位一直流遍你的全身。其实，即使你感受不到呼吸的这个过程，你也要尽力去想象它是存在的。

下面向大家介绍几种有效的呼吸方法。

一、冥想呼吸训练法

建议大家组织一些冥想小组，分别描述自己完成呼吸训练的体验。

第一，你需要有一个可以安静地独处的空间。

第二，确保你的身体感觉舒适，房间是温暖的，穿着舒服，不要

太紧绷，排空你的肠胃，餐后一小时内不做练习。

第三，请你挺直后背，放松身体。你可以想象自己的身体从手指到脚趾的每一个部位都是完全放松的，眼睛可以全闭或半闭。

第四，通过鼻腔呼吸，向下进入腹腔，确保呼吸规律、缓慢、均匀。怎么能体现缓慢、均匀？一般我用鼻子吸气的时候，我会感觉到鼻孔周边有凉丝丝的风袭来；呼气的时候，仍然能感觉到气体通过我的鼻孔出去。很关键的是，吸气和呼气的力度要一致。如何体会这种一致性呢？就是你吸气和呼气的时候，气流会摩擦你鼻孔的边缘，那种摩擦的力度要一致，这样你的呼吸才是均匀的。这种训练非常重要，不妨多试几次。

第五，集中注意力，聚焦于一处风景、一个物体、一个单词、一组短语或自己的呼吸上。我建议你把所有注意力都集中在鼻孔边缘，集中在空气与鼻孔摩擦的呼吸期间。

第六，不要分心，不要为外物所累。

第七，有规律地进行练习。一周至少练习 6 天或每天练习，每天训练 20~30 分钟足矣。你会逐渐发现，自己对身体的能量是可以掌控的。

二、运动呼吸训练法

我们知道，运动会加速新陈代谢，会产生大量能量。每当运动后感到很累的时候，我的教练会让我用大口呼吸的方式来缓解。什么是大口呼吸？就像测量一个人的肺活量一样，要全力吸气，一直吸到不能再吸，再完全呼气，呼到不能再呼。建议你用腹式呼吸法，也就是说，气体要先经过鼻腔，经过你的胸部，到达你的腹部，再从腹部回到胸部，再吐气出来，这就是完全呼吸法。我一般完成3~5次这样的呼吸训练，就会慢慢从一种紧张的状态恢复到放松的状态，这是我在运动中经常使用的呼吸法。

三、“3—3—6呼吸法”或“4—4—8呼吸法”

这种方法适用于你情绪不良的时候。什么叫“3—3—6呼吸法”呢？前边的3指的是吸气用3秒，中间的3是指屏气用3秒，6指的是呼气用6秒，你呼气的时间等于吸气加屏气的时间，这就是“3—3—6呼吸法”。当你做8组之后，你会发现，你的情绪慢慢恢复了平静。除了“3—3—6呼吸法”，还有“4—4—8呼吸法”，后者适用于已经牢固掌握“3—3—6呼吸法”的学员。

还有一种场景，比如遇到一种突发状况，被水呛到或被食物辣到等，请你继续使用上述方法。你会发现，就算被呛到或是受到外界刺激，它也不会影响你。通过呼吸，你能让自己保持平静。

本节复盘

好好理解呼吸的方法，尝试完成一种具体的训练。如果不理解专业名词还可以仔细查询，用一个笔记本专门记录一些专有名词。保持你对外界事物的真正理解要基于事物本身，以保证你活在真实的世界中，而不是活在自己的假想世界中，这是一条很重要的生存准则。

9

吃什么可以为体能提供必需的营养？

有一句英文谚语是这样说的：“You are what you eat.”（人如其食。）也就是说，人们吃了什么，自己就是什么样子。这一节我要和大家分享的是吃的原则。我们在思考这个问题的时候，首先要想想人为什么要吃饭。吃的本质是一种能量输入。能量输入包括好几种形式，比如睡觉、运动、吃饭、正向的思考、积极的情绪。但能量输入还有很多原则，身体的节律恰恰是遵循所有原则的前提。

在我2016年检查出患有甲状腺疾病时，很多朋友来看望我，李文昊博士就是其中一位。记得那是深秋时节，他从海南直接飞到北京的极北咖啡，与我促膝长谈，给我讲述了他40多岁时健康崩溃的经历，以及自己通过自学，慢慢掌握一套属于自己的健康管理方法的经历。他毫不吝惜地与我分享了一切，并给了我好几本他认为是指导他走向健康的书，以及他自己编的一本小册子。

那次谈话让我印象深刻。一个人身体出现问题，恰恰是因为你没有依照身体本来就有的节律系统规定的原则来对待你的身体。李文昊博士告诉我，**我们身体有三套重要的节律系统，分别是吸收循环、排毒循环和消化循环。**

首先是吸收循环。它是营养物质的吸收时段。物质在消化道内被消化后，其分解产物通过黏膜上皮细胞进入血液和淋巴。食物在消化道内经过消化，最终分解成葡萄糖、氨基酸等能够被人体吸收的物质。我们的身体能够不停运转的前提在于对营养物质的消化、吸收和利用，因为我们吃进去的往往是食物，而不是可以直接吸收的营养素，我们需要把它分解成小分子营养成分，供身体各个器官的细胞利用，这样才能让我们的身体机能正常运转。人体对食物的消化吸收一般在进食后的一两个小时内就可以完成，所以你如果在这段时间进行剧烈运动的话，就会影响身体对食物的消化，以及对营养素的吸收。我通常选择在下午五六点而不是饭后马上去运动，就是这个原因。

其次是排毒循环。从中医角度来说，排毒是将身体内有毒和有害的物质排出体外。消化管道是人体主要的吸收、排泄管道，也是人体重要的排毒管道之一，它可以通过粪便、尿液、出汗等途径把废物及时排出体外。人们也可以通过喝水或吃某些食物来排毒。人体最大的排毒器官就是肠道，它担负了人体主要的排毒任务。每天早上大家起床之后，就会上洗手间，就是因为身体需要将产生的毒素排出体外。

最后是消化循环。它主要是用来消化所有吃进去的食物。我经常制作果昔当早餐，就是将新鲜的蔬菜、水果打成糊状。一般我会放入500克蔬菜、200克煮熟的西红柿，加上一些燕麦和干果，一起打成一杯绿汁，一口气喝下去。为了保证蛋白质的摄入，我也会吃三个煮熟的鸡蛋蛋白。为什么要做果昔？因为它不用咀嚼，直接喝下去就好，而且如果要直接吃这么多蔬菜，恐怕也是一种负担。

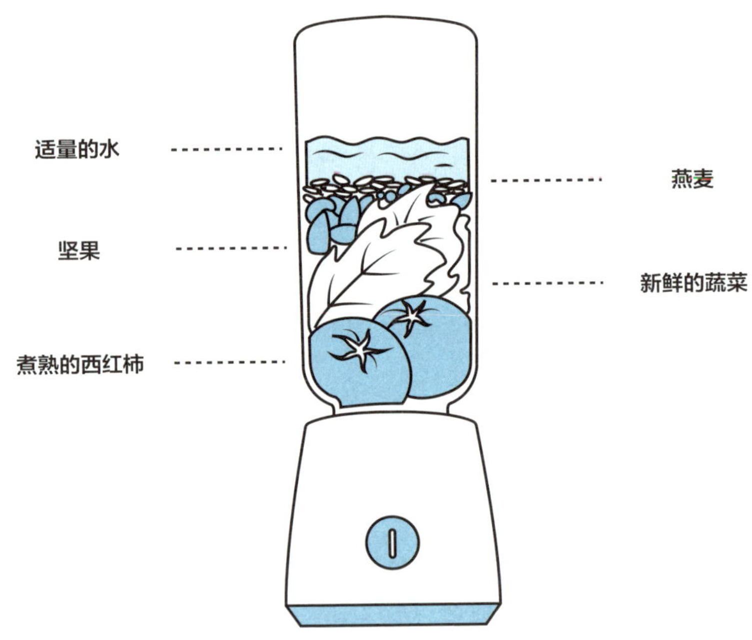

张萌的早餐果昔

当你掌握身体的节律时，你的生命就有了节奏。过去我对自己的身体没有做相应的研究，在 2016 年以前，我对于身材的判断是以瘦、体重轻为美的。后来，我对健康方面的研究越来越多，知道一个人的身材、体能、精力与吃密切相关，才慢慢地调整了饮食习惯。现在我 30 多岁，无论是身材、体能，还是健康状况，远胜我 20 岁时。身材其实是可以通过修炼得来的，它与你的饮食密切相关。

我们再来看看食物中的营养素。我们知道，人体必需的营养素有七大类，分别是糖类（碳水化合物）、蛋白质、脂类、维生素、水、无机盐（矿物质）和膳食纤维（纤维素），我们需要将这些营养素按照一定的比例摄入。下面我将重点介绍前三类。

首先是糖类。糖类即碳水化合物，我们常见的淀粉类都在其中。我想说的是，中国人在饮食习惯中太看重碳水化合物，很多人的早餐就是油条、油饼、馒头之类，升糖指数很高。升糖指数是一个重要的标准，它反映了食物被消化后引起人体血糖升高的程度。高升糖食物在人体当中容易被消化成葡萄糖，到最后积累多了就会转化为脂肪。一些人经常会疑惑，为什么没吃肉还会这么胖？就是这个原因。不要以为碳水化合物不重要，相反，它非常重要，它占人体总体摄入食物比重的 50%~60%。但碳水化合物也有相应的问题，比如主食的过度加工、过度追求精米白面、粗粮摄入太少等。关于碳水化合物的选择，我选择吃生燕麦。燕麦有生熟之分，有些人比较喜欢吃煮熟的燕麦，而我更习惯吃生燕麦，因为它的升糖指数较低。但它的口感较差，因此很多人不容易接受。当然也可以加入一定比例的豆类。粗粮比例不可过高，有些人肠胃不好，要在自身能接受的情况下，增加一定量粗粮的摄入。还有一个指标是食物热量。比如油炸食品、碳酸饮料、膨化零食等，都是热量很高的食品，但它们能提供的营养很少，我称之为性价比很低的食物。有的食物含有 300~400 千卡的热量，你要进行整整 60 分钟的拳击训练才能消耗，而这仅仅是一小袋食品的热量。所以有的时候你觉得没吃什么，但就是会胖，是因为你不知道食物的属性和它的本质构成。

其次是蛋白质。蛋白质虽然好，但它是分等级的。一般是按照是否包含人体所有必需的氨基酸来对蛋白质进行打分，以鸡蛋蛋白为基准（100 分），其他蛋白都比 100 分低。一般来说，动物蛋白的评分高于植物蛋白，鱼、虾、猪、牛、羊肉中含有的蛋白质都属于动物蛋白，单从蛋白质角度来说它们相差不大。但平常我们之所以推荐海洋食物，主要是由于脂肪含量的区别，包括牛肉和羊肉好于猪肉，也是由于前者的脂肪含量更低。我一直秉承着这样一条原则，要尽可能在条件允许的情况下吃到最好的蛋白。因为我会健身，有增肌的要求，所以我会要求自己吃 3 个鸡蛋的蛋白。另外，建议大家有机会可以做一下过敏原测试。我吃蛋黄就会过敏。了解清楚自己对什么样的食物过敏，可以对食物有选择、有判断。一旦过敏，身体的修复成本是很高的。

最后是脂类。脂肪是最常见的脂类，也是良好的储能物质。我建议大家少食用动物性的脂肪，比如内脏、肥肉等。尤其是大家在吃鸡肉和鸭肉的时候，要记得去皮，因为鸡皮和鸭皮的脂肪含量是很高的。一般在健康饮食序列中，我推荐坚果类、海产品等富含不饱和脂肪酸的食物。很多垃圾食品会添加油类、糖类等添加剂，味道很好，但是营养低、热量高，不建议大家吃太多。

以上是营养物质的比例，大家在吃东西的时候还需要考虑吃带来的结果。下面我要谈一下减重问题。你可以下载一些能够测量食物热量的 App。当你进食时，如果知道食物的重量，你就可以知道它的热量。人体增重和减重无非就是能量摄入和输出平衡的过程。也就是说，你每一天统计清楚你的能量摄入，包括你的基础代谢，用摄入的所有热量减去基础代谢就会得到一个数值。如果它是正数，就意味着你每日摄入的总量过多，你就会发胖；如果是负值，你就会减重。因为我经常需要录电视节目，或者参与直播，我就需要维持体重，所以我要思考这个公式在日常生活中的实际应用。如果我当日运动的话，就存在运动能量消耗，想维持体重的话，食物中所有的能量就要等于基础代谢消耗的能量，再加上运动消耗的能量。如果你想消耗 1 千克脂肪，你就需要代谢 7 000 千卡的热量。所以如果想在三个月内减重 2.5 千克，就要消耗 17 500 千卡的能量，再用这个数字除以 90 天，约等于 194.44 千卡。也就是说，你每天只需要消耗将近 200 千卡的热量，就可以成功地在三个月内减重 2.5 千克。其实也不是很难，这些热量相当于你少喝了 2/3 盒酸奶。每个人都需要对你的能量摄入负责。当然，体重下降不单纯是脂肪的减少，水分和肌肉也在其中占有很大的比重。

本节复盘

我每周四 21 点会在《又忙又美说》栏目中直播讲述如何变美和如何收获健康。如果你想要了解得更深入，可以收看学习。

尝试按照本节的方法安排你的能量早餐。

10

喝水的习惯可能会害了你

我们都知道，我们身体的主要构成部分是水。

人体组织中 70% 都是水，人体血液中有 90% 的含水量，大脑组织中水分比重占 85%。就像水循环统治了地球上的各种生命有机体一样，体液就像人体的海洋，它起着调节并推动各项功能正常运行的作用。水是生命的基础。

所以我们需要关注人体每日饮水的数量和质量。

在这一节，我会先告诉你喝水对身体的重要意义，然后告诉你关于喝水需要注意的事项，帮助你更好地喝水，从而维持身体平衡，进而保持充沛的精力。

喝水有以下几点重要作用。

第一，补充作用。人体需要通过喝水来进行补水。其实每个人因为体形、体力，还有脑力活动程度不同，所以需要的饮水量不同。但是要尽量去喝质量最好的水，白开水与矿泉水都是可以的，不要喝隔夜或多次煮沸的水。

第二，运输作用。水其实是食物中维生素、矿物质、电解质等物质的载体。

第三，营养强化作用。其实喝水本身就是一种可以健脑、健身的方法。水的作用还在于清洁。获得健康的核心秘诀就是保持身体的洁净。水是一种排出垃圾和废物的载体，是清除细胞废物和毒素的有力工具。所以维持充足的水分可以让你摄入营养，排出废物。

水对人体的作用不容小觑。那么，我们每天应该喝多少水呢？人体每日排出的尿量是 1 500 毫升左右，除此之外，还有几种排水的渠道，比如粪便排泄、呼吸排水、皮肤流汗。人体每日水分的消耗量总共约 2 500 毫升，这就是正常人每天的需水量。如果你有经常摄入一些利尿食物和饮品的习惯，你同时也需要饮用更多的水。

此外，体温升高或在高温环境时所需要的水更多，包括运动、高强度的脑力劳动，都会进一步增加每日排水量。

补水只能靠喝水吗？不是的。喝水只占其中的 50%，蔬菜、水果中也含有大量水分，靠食物摄入的水分大概占 40%。此外，体内代谢也会产生水。

但是，大家最需要注重的还是每天喝水的环节。一般人每天饮用 2 000~2 500 毫升就够了，也可以根据实际情况进行调节。我建议你对自己喝了多少水要有个概念。身边最好有个带有刻度的杯子，让你对于饮水量有概念，对于自己的需水量有判断。

像我每天都会运动，也有很强的脑力劳动消耗，所以我对自己的要求比一般营养师建议的喝水量多一些。对我来说，每天要喝3 000~4 000毫升的水才够，这就是对自己喝水量的判断。很多人会疑惑，会不会水中毒？其实水中毒的情况并不常见，只有在肝、肾、心脏功能不太好的情况下才有可能水中毒。当然，一些患有特定疾病的患者也不应该完全照搬我的喝水规律。要时刻牢记，适合自己的才是最好的。

有一个小技巧可以判断你喝水是否足够，就是看尿液。

要注意身体发出的这个信号。喝水多，尿液颜色就会变淡，喝水少，尿液颜色就会变黄。你要控制饮水量，让尿液颜色不太浅也不太深，保持中间的颜色是最好的。

接下来，我会介绍和喝水有关的八个要做和五个不做的知识点，这些对身体健康很重要。

第一，每天早晨起床后喝一杯温开水，200~250毫升，水温30摄氏度左右。这个时候千万不要喝饮料、肉汤一类，因为经过一晚上的代谢，身体已经处于极度缺水状态，需要迅速补充水分。

第二，上午喝姜水。在早春、秋天、冬天凉的时候，我一般会用姜丝煮水，煮到水沸即可。我会在上午10点前喝一杯姜水，帮助暖胃，身体状况也会更好。但是一定注意，千万不要在中午12点之后饮用姜水。从中医的角度来看，12 点以后，姜水就变成“毒物”了。

第三，睡前适当喝水。睡前可以稍微喝一点儿水来帮助身体在睡眠状态时完成体内的修复。

第四，维持身体水平衡。如果你喝咖啡、茶等利尿饮品或吃西瓜等利尿的食物后，请你补充更多的水。

第五，注意运动补水。我一周会运动 5 次，每次会分运动前、中、后补水。运动前两个小时，我会喝 250~500 毫升的水。运动中可以少喝一点儿水，喝太多会影响身体的协调性，一般可以喝 150~250 毫升的水。运动后需要大量补充水，比如喝 250 毫升的水。

千万不要等感觉渴的时候再想到去补水，因为这时候，体内丢失的水分已经达到你体重的 2% 了——已经是极度缺水了。

运动中千万不要喝冰水。因为此时体温较高，冰水会严重影响身体机能正常运转，就像一台高速运转的发动机，突然被浇了冷水，那么一定会出现相应的故障。所以在运动中最好喝接近常温的水。

第六，小口补水。身体平衡是最重要的，在平衡中突然被太多水侵入，身体就会受不了。为了维持平衡，可以小口喝水来补充。我建议用吸管杯喝，这样不会让你一下子喝很多。

第七，推荐喝白开水、矿泉水。不推荐大家饮用带包装的果蔬汁、饮料等，这其中含有较高的糖分。

第八，注意咖啡的喝法。喝咖啡是我每日的一项必修课。我每天会喝两杯咖啡，每次用水冲泡10克咖啡粉。可以根据自己当日对咖啡的偏好，选择不同的水量。比如用150毫升的水冲泡这10克咖啡粉，咖啡味道就会比较浓郁，而用200~250毫升的水进行冲泡，咖啡味道就会比较淡。

我于2015年创办极北咖啡至今，一直在这个领域做研究。值得一提的是，喝咖啡的时间也很有讲究，一定要喝健康、新鲜的咖啡。同时，睡前一般不推荐喝咖啡，有两个原因：咖啡会让你的身体代谢更多水分，但是你在睡觉期间是没办法补水的；咖啡因会让你的神经兴奋，影响你睡眠和休息。

在一般情况下，我会在早上起床后1~1.5小时饮用第一杯咖啡，因为那个时候我会感到有些困，通常咖啡因会在喝完20~30分钟时生效，让你精神抖擞。我会在吃完午饭后0.5~1小时喝第二杯咖啡，这样整个下午我都会有饱满的精神状态。另外也要注意，喝咖啡要避开吃饭时间，因为它会降低你的胃酸值。

以上八点是八件建议你做的事情。另外还有五点建议你别做。

第一，不喝可能受到污染的水。保证喝到的水没有受到污染，是喝水的第一原则。如果你在办公室或在家，需要准备一个有盖的杯子，防止灰尘落入。同时，我很少喝饮水机里面的水。我们公司为了大家的健康，也没有选用饮水机。饮水机里会有水残留，细菌和灰尘污染问题很严重，所以如果你使用饮水机，切记定期清洗。

第二，不喝隔夜的水。它已经失去了流动性，不再新鲜。

第三，饭后半小时内不喝水，至少要等半个小时后才能喝少量水。因为当你喝水的时候，水是先通过胃部被吸收的，这会降低胃酸，消化食物的能力进而就会下降。

第四，不喝过冷或过热的水。因为正常人的身体一直都处于 36~37 摄氏度，冰水远低于体温，喝完会大幅降低体温，破坏身体平衡；喝过热的水同样会破坏身体平衡。要知道，身体平衡是非常重要的事，不要让过烫或过冰的水影响身体平衡。即便是夏天很热的时候，我也很少吃冰激凌或喝冰水。

第五，含糖饮料不等于水，要不喝或少喝。请记住，喝饮料不等于喝水。上文说的 2 000~2 500 毫升是白水的消耗量，不包括含糖饮料，含糖饮料中过量糖分的摄入还会影响你身体的其他机能。碳酸饮料就更不适合喝了，因为它容易腐蚀牙齿，引发骨质疏松的问题。

喝水其实是一门学问。我通过这 13 条建议是想告诉你，我们应该维护好身体环境，通过健康的生活方式保持充沛的精力。

本节复盘

规划自己 24 小时的喝水计划，可以在效率笔记中做喝水记录，坚持一周，开始建立喝水的好习惯。

11

睡眠修复术带来好活力

很多人都觉得，自己一天要做很多事，睡眠时间少。还有不少人想牺牲睡眠来完成更多的事情，很多大人物也不例外，比如拿破仑，他为了节省时间，强迫自己两三天不睡觉，但结果不尽如人意。我们日常工作中也会遇到睡眠影响精力的问题，晚上睡不好，白天在办公室就会昏昏欲睡，整天头昏脑涨，记忆力变差，办事效率下降。

这一节的主题是睡眠。通过这一节，你会认识到睡眠的重要作用，学习达成高质量睡眠的方法，并找到自己的睡眠节奏。

英国前首相丘吉尔很早就认识到睡眠的重要性，他曾说："千万不要认为白天多睡一会儿就会耽误工作，这是极其愚蠢的想法。战争开始以后，我也必须保证白天的休息，只有这样我才能够担负起自己的责任。"

精力的恢复主要依靠三种途径：一是进食，二是呼吸，三是睡眠。

科学研究表明，睡眠被剥夺会对身体产生重要的影响。

我先来讲讲睡眠的基本规律和它的重要性。

睡眠的基本规律：非快速眼动睡眠和快速眼动睡眠构成了你的睡眠循环。

我曾用几年时间研究脑科学相关领域，了解到睡眠分非快速眼动和快速眼动两个周期。非快速眼动期会持续 60~90 分钟，之后是快速眼动期，持续 10~15 分钟。这两个周期会构成约一个半小时的完整循环，一次完整的睡眠会进行 4~6 次基本循环。

高效的睡眠者有时会经历近 5 个小时的睡眠，低效睡眠者要花费近 10 个小时。每次睡眠需要的时间也是不一样的，和年龄、性别、基因都相关。普遍公认的睡眠周期一般是 7~9 小时，当然，你完全可以有属于自己的睡眠节奏。

非快速眼动期又可以分成四部分，分别是入睡期、浅睡期、熟睡期和深睡期。

首先是入睡期和浅睡期。你在刚刚睡着的时候就会进入这个阶段，在这段时间，人比较容易醒。这个时期占整体非快速眼动期的 55%，它可以帮助你恢复一点儿精力。白天短暂的休息，指的就是进入入睡期和浅睡期。

但晚上睡觉和白天不一样。真正能帮你修复身体的往往来自熟睡期和深睡期，以及快速眼动期，它们是缓解疲劳、修复身体的关键时期。它们的主要作用有三项，一是解除疲劳，二是恢复精力，三是提高身体免疫力。这个周期其实才是真正能够帮助人进行修复的关键，所以这个周期的睡眠质量格外重要。

睡眠的重要性有以下 5 点。

第一，睡眠和力量是密切相关的。

哈维·戴蒙德所写的《健康生活新开始》给了我很大启发。他在书中写道：一个人患疾病有七个阶段。第一个阶段是乏力，即没有力量。你的存在有赖于在特定时间里完成身体各项机能的能量供给。乏力给你的警告信号就是你疲惫困倦，身体没有能量去做事情。在这种情况下，白天就需要小憩，晚上则需要更多的优质睡眠。

第二，睡眠和心血管健康密切相关。

睡眠被剥夺的人是心血管疾病的高发人群。

第三，睡眠不好的人，经常会乱发脾气。

其实，有时发脾气并不是因为情绪管理能力差，而是因为睡眠时间太少。睡眠不好会影响人际关系和沟通，包括影响你对自己的情绪认知，同时也会使你自己的整体精力水平下降，看上去一天都没什么精神。我们在前面说到的拿破仑就属于这种情况。

第四，睡眠质量决定思维水平、精力和决策力。

睡眠不好，记忆力也会下降，尤其在要准备考试、面试和重要项目的时候。前面我讲过，精力管理是效率管理和时间管理的重要基础，道理其实就在这里。睡眠不好，逻辑思维也会受到影响。我在睡觉之前一般不做决策，因为这时候做的往往是错误的决策。了解睡眠原理之后，你就会明白，睡觉之前属于低能量时间，已经很困了，一个人的逻辑分析能力和调理判断能力自然容易受到情绪的影响。很多夫妻在睡觉前容易吵架，也是这个道理，早点儿入睡可能会更好。

第五，睡眠能够促进身体修复。

睡眠其实是可以帮助人的身体成长和修复的。其中，深度睡眠会产生慢波三角波，此时你身体的细胞分裂是最旺盛的，因此你的身体能够释放最多的生长的激素和修复的酶。深度睡眠其实是最重要的身体修复过程，浅睡眠是无法实现修复的。如果你在白天肌肉被拉伤了，睡一觉可能就会好很多，就是因为你的身体被修复了。

既然睡眠这么重要，我们该睡多长时间呢？我是一个创业者，以前我跟拿破仑的想法一样，能少睡就尽量少睡。但后来我研究了睡眠，发现剥夺睡眠对身体是非常有害的。我们需要的是能够好好工作、好好学习，这是目标。睡少了精力就会下降，效率也低；但睡多了同样是问题，嗜睡会对身体机能产生恶劣的影响。如何拥有好睡眠呢？这里给你提供一些行动指南。

第一，你可以自我测试，判断自己的最佳睡眠时长。

这个测试该怎么做？你可以给自己安排 6~9 小时不同时长的睡眠，连续一周，保持同一睡眠时间，比如一周都是 7 小时或都是 8 小时。

在这一周中，观察你的情况，可以通过写“赢·效率手册”和“总结笔记”去记录和评估你自己的工作表现。女性请避开生理期来完成自测。通过一段时间的记录和观察，你就会找到自己的最佳睡眠时长。6~6.5小时是我的最佳睡眠时长。关于几点睡，也是学员问我最多的问题。我会用我需要早起的时间来倒推我应该睡觉的时间。比如我要4点起，那么前一天晚上10点一定要入睡。这是属于我的最佳睡眠周期。这也是为什么我会在微博上发起早睡计划，带着大家天天跟我早睡打卡。

第二，用小憩补充睡眠。

大部分创业者的睡眠时间是不可控的。有的时候如果我的睡眠被剥夺，我就会用小憩来补充睡眠。我把小憩叫作一个人的“充电宝”，充电宝使用是有规则的，我会在下一节小睡中细讲。

第三，重视睡前的准备工作。

我在睡觉之前一般会做以下几件事，供你参考。

洗个澡。在洗澡的时候，我会把卧室的温度稍微调低一点儿，因为刚洗完澡时体温会下降。进入入睡期时，你的体温也会迅速下降，所以要让外界温度适应身体的变化。

我会给自己泡一杯洋甘菊茶，可以起到镇定和舒缓神经的作用。

睡觉前可以选择看书或是看手机信息。但尽量不要看小说或连续剧，因为它们丰富的情节会干扰你的情绪，甚至影响你的睡眠。

最后，我会在早睡群打卡，关上灯，闭上眼睛，思考一下第二天一定要完成的三个目标。

我在《人生效率手册》这本书中讲过，要想做好时间管理，每一天睡前就要完成对三个目标的思考。思考一下，第二天如果是高效的一天，自己一定要实现的三个最重要的目标是什么？比如，我需要准备课程、去公司开会、写新的文章等。等你想清楚这三个目标的时候，你就可以正式进入睡眠模式了。

这就是我每天会完成的一系列动作：洗澡、调低温度、喝洋甘菊茶、看书、思考三个目标。

第四，补充健康补给品。

如果你经常入睡困难，睡醒的时候又感到困乏，这时可以尝试借助一些外力，比如吃健康补给品。褪黑素是跟睡眠修复密切相关的补给品，是在松果体中发现的具有生物活性的物质。它的作用很简单，就是促进睡眠、抗衰老、调节免疫力，甚至还有辅助预防肿瘤的功效。在睡眠中，非快速眼动期中的深睡期是褪黑素发挥作用的周期。我在床头常备的就是一瓶褪黑素。每当我感到压力比较大时，入睡速度慢，醒来时也会感到疲惫，我就会在入睡前 0.5~1 小时吃褪黑素，因为它发挥作用也需要时间。同时我还坚持使用薰衣草精油，使用香薰炉，以营造睡眠氛围。

第五，坚持早睡早起。

很多人会对早起有误解，觉得会伤害身体。其实并不是，你要处理好早起和早睡之间的关系。我建议早起者坚持早睡，如果你不能早睡，就不要选择早起。另外，坚持打卡也会让你在做事情的过程中充满仪式感。你可以选择在早起社群中打卡，互相督促养成好习惯。身体的节律是一切健康生活的起点。

本节复盘

1. 用一周时间自测、观察自己的最佳睡眠时长，同时用“赢·效率手册”或“总结笔记”记录相应的工作表现和精力状况，一周后进行评估和判断。
2. 尝试用小憩、补充补给品的方法来补充和调节睡眠。
3. 重视睡前的准备：洗澡、调低温度、放松、喝令人舒缓的茶、看书、思考第二天的三个目标。

12

小睡助你高效和敏锐

我们在前一节中讲过了睡眠对一个人的重要性，它是为我们提供昼夜节律的重要保障。什么是昼夜节律？它是生命体以 24 小时为周期的内循环和变动。一个人的身体机能最重要的是产生睡眠的周期和唤醒的周期，也就是睡着和醒着的状态。昼夜节律是通过睡眠来进行调节的，睡眠时进入夜的节律，醒来时就进入昼的节律，这是一个完美的循环过程。

大多数人总是觉得睡眠不足。为了弥补这种睡眠被剥夺的状况，小睡就能起到重要的作用。我们把长睡比作“长期充电”，也就是正常的晚间睡眠。那么相对应地，用充电宝快速充一下电，解决燃眉之急的过程就是小睡。

在这一节，我会告诉大家小睡作为一种补充精力的重要方式对我们的价值，以及小睡的注意事项，从而帮助你更好地认识它，让你拥有一个完美的“充电宝”。

小睡对我们来说，究竟有哪些作用？

第一，小睡可以快速补充体力和精力。

如果你前一天熬夜了，第二天无精打采，这时候喝一杯咖啡都不如一次小睡有效。

第二，小睡可以很好地应对精力低谷期。

在整个昼夜节律中，每天下午 3~4 点是次昼夜和昼夜节律的最低点。日本的睡眠研究员发现，这是一个人精力最低的极限点。据统计，中午和下午的事故发生率远远高于其他时间段，所以下午这个时间段是人们最困的时候。小睡可以帮助一个人快速恢复体力和精力，这就需要我们在下午 1~3 点完成小睡。

第三，小睡有助于保持专注力和逻辑分析能力。

当你经常觉得魂不守舍或无法专注的时候，你可以试一下通过小睡这种方式，帮助你迅速恢复专注力。很多脑力工作者都是通过小睡帮自己恢复清醒的状态的。

第四，小睡帮助倒时差。

你会发现，如果刚从国外回来，需要迅速倒时差，白天 20 分钟的小睡可以帮助倒时差，不至于在白天太过疲倦。

像我工作比较辛苦时，比如每年“双 11”“双 12”期间，我们公司的电商部都会熬通宵，晚上确实不能保证充足的睡眠。那么我一般会建议大家在白天补上一觉。关于小睡，我有以下几点建议。

第一，小睡的最佳时长是 20~30 分钟，切记不要超过 40 分钟。

我在前面讲过完整的睡眠由五个阶段构成。如果你睡着超过 40 分钟，就意味着你已经度过了入睡期和浅睡期，开始进入熟睡期或深睡期了，这是完成免疫力修复的好时机。

但是，人在这段时间内一般是难被叫醒的。如果你确实在此时被摇醒的话，就会发现自己往往迷迷糊糊，感觉跟没睡一样。比较容易被唤醒的就是进入浅度和轻度睡眠的时候，所以一般小睡的建议时长就是 20~30 分钟。

第二，我推荐一种加强版的小睡，叫 Nap–A–Latte。

有时候为了应对极端重要的场合，我们需要足够的精力去恢复状态，让自己精力充沛。我向大家推荐 Nap–A–Latte，就是咖啡盹，这能助你高效小睡。先准备 10 克左右的咖啡豆或咖啡粉，然后把它磨好，再冲泡一杯黑咖啡，不用太浓郁，喝完后迅速让自己入睡，大概睡 20 分钟。一般在喝完咖啡后的 20 分钟左右，人体才开始感受到咖啡因带来的效果。等你 20 分钟之后醒过来，就会感到双倍振奋，这就是 Nap–A–Latte。但我建议你每周使用这种方法不要超过 2 次。

第三，如果你不太喜欢睡眠的方式，还有几种类似小睡的恢复精力的方式。

第一种是瑜伽和深度呼吸法。

你可以用“10 + 10”的方法来放松，即 10 分钟的瑜伽放松训练，加上 10 分钟的深度呼吸训练。我在呼吸那一节中讲过，呼吸最重要的是能给人带来能量。其实这个时候就是你充电的时刻，跟小睡达到的效果是一样的。同时，你可以在办公室常备一个瑜伽垫，方便完成这种可以随时坐下来就能完成的瑜伽放松练习。这 20 分钟的组合，即“10 + 10”的效果等同于小睡。

第二种是音乐疗法。

这种方法适用于自己情绪不佳的时候。我会收藏一些好听的、听完之后心情就会愉悦的音乐，一般选择三四首，平均每首三四分钟，总共近 15 分钟。可以一边听音乐，一边吃午餐或闭目养神，也可以同时沐浴在阳光下。通过这种方式，你也可以完成一次快速小憩。

我收藏的听完会有好心情的歌单：

1. Killing Me Softly With His Song（Roberta Flack）
2. Can't Take My Eyes Off You（Morten Harket）
3. Careless Whisper（Wham!）
4. What a Wonderful World（Louis Armstrong）
5. Another Day In Paradise（Phil Collins）

当然，你也可以选择散步，一般也在 20 分钟左右，用慢走的方式，不要太剧烈地运动，因为此刻你需要的是静态的休息。

第四，我还建议大家用乘坐交通工具的时间补充睡眠。

对于我来说，如果不能保证前一天的睡眠时间，那么我在搭乘交通工具时一定会睡着，它能够保证我们身体的节奏感。因为身体的规律是不能被打破的。如果一个人十年如一日地做一件事情的话，他就已经有了非常好的习惯，也形成了规律。但就怕你打破这种规律，比如突然熬通宵，规律就会被打破。

维持节律很重要。

作为一个健康的职场人，你要考虑的是怎么能够时刻保证自己的规律不被打破，时刻坚守自己的身体节律，这是一件很难但又很重要的事。这就是为什么我会建议你长期坚持早起或早睡打卡，打卡有助于你把一件事坚持做完。

同时，建议你把小睡当作清单中的一项，记录在自己的“效率手册”中，比如我经常会在我设计的时间管理工具——“赢·效率手册”中，复盘自己每天所做的事。如果我在小睡后精力比较好，我就会写“睡得不错”；如果我在小睡后醒来的状况不好，我会记录自己为什么没睡好，对比进行分析。不要害怕麻烦，当万事成为你的习惯，你就会得心应手。

另外要特别强调一点，小睡时注意保暖，盖好被子。一旦着凉，就会给自己造成伤害，那还不如不睡。

第五，请记住，小睡并非适合所有人。

比如失眠症患者就是非常不适合小睡的一类人。小睡会严重打破你的昼夜节律，让你整天都无法找到状态。尤其是超过30分钟的小睡，更不适合失眠症患者，你会发现虽然白天能睡着，但晚上会一直醒着。

其实，对疲惫感也不要有恐惧心理，它是一种非常正常的现象，没有人天生就有钢铁之躯。疲惫感会随着你每天工作，不断地产生。有疲惫感的一种表现就是你的精力、专注力不足，逻辑思维能力和分析能力下降，大脑缺氧。这个时候，你就需要小睡来恢复精力了。

本节复盘

本节我讲了小睡的好处，你可以开始收藏你自己的好心情歌单，疲惫的时候借助小睡、听歌、做瑜伽和呼吸的方法来缓解疲劳，给身体充电。

13

掌控思维，跟上工作的节奏

每个人每天都在进行思维活动，却很少有人注意到它的存在。掌控思维才能跟上工作的节奏。正确的思维方式能够帮助我们节省很多精力。这一节要讲的是思维训练，通过这一节的学习，你将知道什么是思维和思维训练的七个维度，以及复盘式思维的训练技巧。

思维是人的大脑的反应过程，以感知为基础，又超越感知的界限。借助语言对客观事物的概括来探索、发现事物的本质联系和内在规律，是认知过程的高级阶段。

所以，人与动物的本质区别在于人的思维的高级性。人能够通过大脑形成思维，思维能反映客观现实，又能作用于客观现实。区分那些厉害的人和普通人的一个很重要的特征就是他对思维的训练方式与掌控力。

有些人在说话时逻辑不清，甚至将情绪凌驾于思维之上，经常用情绪跟其他人说话。也有很多人不清楚自己的目标，被那些模糊的表象所左右，这就是缺乏透过现象看清事物本质的能力。这些低效、迷茫的表现，都是思维训练不足导致的。

婴儿刚刚出生时，只有简单思维。需要经过慢慢学习、成长的磨砺，他才能成长为拥有思维能力的成年人。

不知你有没有发现这样一种现象：人与人的思维差别非常大。

清晰的思维需要训练，就如健美的身材需要锻炼一样。

“下班加油站”以励志币计划闻名。其中有一项训练计划，叫作“70 天练出马甲线”。即使之前有“水桶腰”，在 70 天里，绝大多数人也可以训练出“马甲线”。当然，你每天都需要打卡。这就是对身材的“雕刻”。时间短，但成效显著。

但训练思维会比塑形难一些。为什么？

第一，思维的改变，不是立竿见影的。

冰冻三尺非一日之寒。由于每个人有不同的思维惯性，想拥有新的思维，必须经历一些重大的改变，或是经过系统性的学习，才能见到成效。我有一堂线下课叫“财富高情商领导力”，其中一个模块讲述的就是富人和穷人的思维差异，比如生态思维、利他思维等。很多学员都说，学习完这个课程后，就像给自己的大脑重装了一套系统，确实如此。过去我刚创业的时候，也有过思维的误区，认为我可以用自己的思维方式跟所有人对话，结果创业之初就是赚不到钱，屡屡碰壁，自己即使每天很努力，也不见成效。后来我的创业导师指出了我的问题，他说："你总想用一把钥匙，开所有人的锁。"我刚开始百思不得其解，到后来，不断地碰壁，不断地反思后，我才理解了这句话的内涵。我只拥有一套低级的思维模式，而我想跟那些比我厉害很多的人做生意，却不懂他们的思维模式。换句话说，我不能理解他们的为人处世之道，以及做事的方式、方法，在商业领域自然无法与他们合作。后来我开始潜心研究那些很厉害的人的思维模式，才发现，他们的思维模式是可以学习的。而我经过大量研究、归纳、总结之后，发现最常见的就是"十大思维模式系统"。之后每当我见到一个人、看到他的企业，就会用这"十大思维模式系统"中的思维模式去套用。我通过这种训练模式，让自己对思维模式的掌握越发熟练，逐渐也能帮助周围的企业拆解思维模式，它们受益良多。

张萌 十大思维模式系统

1. 利他思维
2. 故事性思维
3. 生态思维
4. 逆向思维
5. 归纳性思维
6. 演绎性思维
7. 标签化思维
8. 效率思维
9. 投资思维
10. 闭环思维

我与你分享这些，是希望你能了解：其一，新的思维模式不是一蹴而就形成的；其二，每个人都可以升级自己的思维模式，并可以反复修炼；其三，一把钥匙不能开所有锁，因此你需要有多把钥匙。

第二，思维的改变，需要实践深度互动。

思维从本质上来说没有特定的标准，是要通过做事的结果来进行判断，事后再对自己的思维模式进行修正的。所以光训练思维还不够，要连接行动。所谓知行合一，指的就是思维指导你的实践，实践反映你的思想，由此形成一个循环。

经过思维的训练以后，我们就能非常轻松且高效地做出正确的决策。

如果看过“007 系列”影片，你会发现，那些超级厉害的特工的思维能力都很强，遇到一个挑战，马上能做出一个有逻辑性的正确判断，这就是思维训练的魅力。

说完思维训练的重要意义，接下来我向大家介绍思维训练的具体方向。思维训练是开始认知万事万物的第一步，在我看来，学习的最初阶段就应该是对思维进行训练。

思维训练是基于原则和框架进行的，其中有七个维度的思维是我认为非常重要的。

第一，系统性思维。

普通人考虑事物习惯于从单一方面开始，寻找简单的因果关系，但忽视了全局。但是大多数事物都是以复杂的方式存在着的，是由内而外相互联动的整体。只有具备系统性的思维模式，才能以全局性的眼光分析系统内成员的互动，才能把握趋势、预测未来。我向大家推荐一本关于系统性思维训练的书——威廉姆·沃克·阿特金森所著的《逻辑十九讲》。

第二，战略性思维。

以企业家为例，战略性思维是要思考一个企业的发展方向和现实条件之间的问题，就是立足于现有条件，考虑时代变化，思考企业发展的一切可能性。

个人的战略性思维也会帮助你分析存在的问题和可能产生的问题的解决方法。

第三，逻辑性思维。

有逻辑的思维方式，是用起因、经过、结果，或者第一、第二、第三来思考和交流。

你无法与没有经过逻辑思考的人沟通，因为他们的话中掺杂了大量无用信息。尤其是对方用情绪跟你说话时，你还要先抽离情绪本身，导致沟通效果很差。

逻辑性思维是你思维水平的重要体现。

第四，复盘思维。

我一直倡导复盘。联想集团作为代表性企业，复盘也是它重要的文化组成部分。

做完一件事，认真回顾、梳理、提炼、总结经验教训，以指导未来的工作，这就是复盘思维。以我自己为例，每天开始做一件重要的事之前，我都会静静地坐下来，用SWOT（态势分析法）来分析我做这件事的优势、劣势、机会、威胁是什么。如果用这种方式来进行自省式的分析，你就会发现自己成长、进步的速度在加快。如果你关注我的新浪微博，你也会看到数篇“复盘笔记”。很多人觉得我活得很累，但我只想说，这是我的习惯，习惯成自然就不累了。

反思自身，为下一次的努力做铺垫，这也是曾子倡导的“吾日三省吾身”。

第五，设计者思维。

设计者思维是指主动地站在设计者的角度去思考问题。

比如，看一款产品的时候，你可以想一想这背后的设计者的思路，他为什么要这么做？我跟企业家朋友探讨他们公司的商业模式时，总是特别喜欢问他们为什么要做这款产品？它跟主营业务之间的关系是什么？它跟公司战略之间的关系是什么？这就是在探求设计者思维背后的逻辑关系。

当你拥有了设计者思维，你就拥有了主人翁思维，你就会知道事物的缘起，包括它为什么有这样的发展脉络。

第六，对手盘思维。

对手盘思维就是站在对方的角度思考、分析问题。比如，时常想想你的对手或是你的利益相关方会怎么想。如果你能学会站在别人的角度考虑问题的话，那么你做事成功的概率就会很大，因为你已经掌握了别人的所想、所思。

通过这种思维训练，你就能知道如何接招，如何才能通过梳理自己的目标跟对方之间产生可能的联系，到最后为自己梳理出一份待办事项清单，这就是对手盘思维。

第七，利益分析思维。

每个人所处的利益点都不同，一个人所持的立场决定了他所有的言行。任何人都不可能跟其他人拥有完全一样的利益需求，只能说人们拥有共同的利益需求。如果你跟别人拥有共同利益，合作就会产生。因为双方的目标都是相同的，只是通过各自的资源优势，实现共赢策略。

国与国之间，一般都是用共赢策略来实现国家和民族的发展的。公司与公司之间，个人与个人之间，包括夫妻的彼此结合，都是共赢策略的体现。夫妻不是先天带有血缘关系的亲人，而是后天彼此接近形成的一种亲情模式，也是源于共同利益带来的协作性效应的结果，这就是利益分析思维。丈夫与妻子合力为了家庭目标把家庭经营得更好。在家庭的奋斗基础上，各自经营好生活，养育后代，孝敬老人，传承家庭文化。我曾多次说，一个家就是一家公司，而你就是家庭的CEO。

同理，当你在工作中跟同事发生了矛盾，不妨用利益分析思维去思考一下，此刻两人之间有没有产生合作共赢的可能性？如果有，可在什么情况下达成？如果你能找到这种情况，你能不能促成这种情况？包括你会不会成为达成这种情况的牵线者？

这七项思维能力将会帮助我们节省大量精力。大家知道，形成一套思维的时候，就宛如计算机运行了一套程序，你只需要打开一个特定的软件，就可以运转这套程序。一旦思维模式形成，你思考问题的时候就会降低很多能耗，甚至不太需要思考就能得出相应的结论，因为你平时的思维训练已经过硬了。

但是，当你没有做好编程工作的时候，你所有的思路都是混沌的、散乱无序的数据。你会消耗更多的精力，但得到的是更少的产出。

思维能帮助我们省力，一旦把这些思维模式变成你固定的习惯，日后在做这件事情的时候就会减少压力与阻力。

为了做好思维训练，我给大家分享一个小技巧。我每天晚上都会拿出“总结笔记”写“每日复盘”，这包括几大部分。第一是我没有做完的事情，第二是我完成了哪些事项。第三是分析为什么我的时间和效率管理不奏效。分析清楚这些之后，我会迅速地为自己制订一套计划，比如自己真正学到了哪些，日后这几方面如果再产生问题会是什么原因。第四就是总结当日习得和成就记录。

写“总结笔记”从本质上来说也是一套思维训练的模式，当你拥有这套思维训练模式的时候，你的七项思维能力就能加速成型，帮助你到达理想的彼岸。

本节复盘

根据本节介绍的十大思维模式系统和七个维度的思维，来进行自我思维训练。

14

好体能也要靠好身材

谈到身材，最底层的问题其实是审美。很多商家经常会向消费者灌输这样一类信息，比如腿要更细、更长，屁股要更翘。但是我想说，这个世界根本就没有所谓的标准身材，也没有完美身材，这些是见仁见智的。

在不同地区，不同历史阶段，人们审美的标准是不一样的。

在中国古代封建社会，女性以小脚为美；中世纪的欧洲推崇近乎变态的束腰；美国大萧条时期流行扁平身材；好莱坞则推崇玛丽莲·梦露一样的身材曲线；近现代时期还推崇过骨感美；这几年普遍流行健身，而平坦的小腹、“马甲线”、翘臀又成了新的审美标准。

关于好身材，每个人的审美不同。我在这节就讲一下符合精力充沛、能量满满的好身材标准。

我认为好身材最重要的有三点。

第一点，好姿态。

每个人的姿态其实都是长期行为习惯不断重复的结果，比如你在上学时就有驼背的毛病，成年后依然会驼背。驼背很可能是在年幼时没有自信的表现，当然，也有可能是个子高，总含胸，造成自己驼背。

但是我想说，不要找借口，一定要克服不良姿态。建议大家查一下关于调整骨盆前倾、圆肩等方法，找一下相关的修复训练教程。社会心理学家、哈佛商学院教授埃米·卡迪通过研究发现，**肢体语言会影响我们的大脑和心理，改变姿势可以改变我们内分泌脑神经的状态，挺拔的高能量姿势可以帮助我们调整到最佳状态，提高我们的能量值。**好的姿态是一个人长期坚持的结果，会向外散发正能量，也会给自己带来由内而外的自信。

第二点，无赘肉。

一次，我在工商联和企业家们一起开会。我到得比较早，提前坐在了会场里，看着十几位企业家陆续走进来。我旁边坐着一位女企业家，她经常健身。她告诉我，观察一个人的仪态就能判断这个人是不是有运动的习惯。后来我们试着根据仪态猜了好几位企业家的运动习惯，会后一核实，全中。

赘肉是脂肪堆积、囤积在身上的肉。当然，每个人的判断标准不同，也与审美相关。我很早就形成了自己的标准，也用这种标准来要求自己。身体容易囤积赘肉的部位，包括手臂内侧、腹部、臀部、大腿内侧等，赘肉不仅会影响美观，还对身体无益。一个人如果没有赘肉，大多是因为他有运动的习惯。

第三点，肌肉含量高。

我非常不喜欢所谓又细又软像面条一样的身材。我认为，好身材其实是一个人健康和能干的外在表现，好身材的肌肉含量一定不低。

肌肉是可以被重塑的。也许你刚开始运动时肌肉不多，慢慢地开始养成运动的习惯后，肌肉就会逐渐变得紧实，身材的线条也会变得优美，会慢慢接近理想中的身材。

现在我们知道，身材分为先天和后天的，好身材是可以通过后天训练塑造的。

每个人都可以成为自己最好的容貌管理专家，许多先天身材的缺陷可以用后天的好习惯去弥补。在后天形成的习惯中，我们最需要重视的两件事是吃和运动，用以解决能量输入和输出的问题。

接下来我要给你讲一下好身材要注意的饮食问题。食物中有七大营养物质，其中有三大类分别是碳水化合物、蛋白质和脂类，它们是人体所需的常见营养元素。但是其实很多时候人们对这三大类营养物质没有正确的认识。比如减脂，也就是减掉赘肉、体现肌肉的这个过程，并不意味着不吃脂肪或碳水化合物，这是当下很多人的误解。正确的理解是要平衡这三者之间的关系，也就是要平衡好碳水化合物、蛋白质和脂肪之间的关系。要控制好总体热量的摄入，使每日热量的摄入值小于消耗值，这样才有机会减重。

第一，碳水化合物。

碳水化合物一般指的是我们日常生活当中的主食。关于如何获得饱腹感，我先向读者介绍一个基本概念，叫作升糖指数（英文简称GI）。它反映的是食物被摄入后引起的人体血糖升高的程度。简单来说，粗粮不好消化，需要花费更多时间去消化、吸收，即GI值低；深加工的碳水化合物往往把不好吸收、消化的那部分物质去掉了，这类食物就变得非常好吸收，GI值就变高了。

在减脂期间，GI值低的食物，也就是对血糖水平影响速度较慢的那些碳水化合物，是更优的选择，它们更容易给你带来饱腹感。与高GI食物相比，人们吃少量低GI食物就能饱，所以摄入的总能量就少了，比如紫薯、红薯、糙米、玉米、全麦面包、窝头等都是不错的选择。

很多人都会问我，是不是也可以选择吃麦片？我也经常吃麦片之类的食物，比如生燕麦片、快熟燕麦片或即食燕麦片。我想说一下这里选择的优先级顺序，请先选择生燕麦片，因为它的GI值最低，然后是快熟燕麦片、即食燕麦片和烤燕麦片。越难煮的麦片，GI值就越低。1克碳水化合物可以释放4千卡热量。

第二，蛋白质。

蛋白质是可以从肉类中获得的。我一般会推荐瘦肉类，比如牛肉、鸡肉、鱼、虾、蛋清、瘦猪肉等都是优质的选择。1 克蛋白质同样可以释放 4 千卡热量。

第三，脂类。

脂肪是最常见的脂类，也是良好的储能物质。我们常见的一些肥猪肉、肥牛肉中都含有很多脂肪。脂肪在体内消化分解，能够生成脂肪酸和甘油。其中有些不饱和脂肪酸属于人体的必需品但不能在人体中合成，只能从膳食中补充。所以我一般在健康饮食序列中推荐的是坚果类、奶制品等富含不饱和脂肪酸的食物。1 克脂肪可以释放 9 千卡热量。

因此，在营养物质这三大序列当中，我一般推荐每日热量按比例摄入。

中国营养膳食指南推荐：碳水化合物占 50%~60%，蛋白质占 10%~20%，脂肪占 20%~30%。

接下来，我讲一下早餐的误区。

第一，早晨起床后，人的胰岛素敏感性处于一天当中较高的水平。这会使人体更有效地降低血液当中的葡萄糖含量，促进葡萄糖氧化分解，并转化成糖原、脂肪等其他物质。所以当你早晨摄入太多碳水化合物的时候，除了氧化供能和合成糖原，过多的糖容易转化成脂肪堆积起来。

第二，皮质醇水平在夜晚会持续升高，并在早晨达到峰值。不必担心，这是正常的生物规律。这是非压力引起的持续性升高，在胰岛素水平较低的情况下，皮质醇会促进脂肪为身体供能。也就是说，每个人早上起床的时候，身体主要是以脂肪作为主要能量来源的。如果选择了含高碳水化合物的早餐，那么血糖水平就会升高，会刺激胰岛素分泌，从而切断对脂肪的分解代谢。换句话说，早餐吃高碳水化合物，容易影响脂肪分解代谢。所以这就是为什么早餐的时候我会选择吃低碳水化合物。

再来讲一下肌肉含量。很多时候，大家会问我，肌肉含量达到多少才合适？体脂率达到多少才行？我想说，当你全身的指标达到基本标准值的时候，就要注重一下局部线条的塑造。

BMI中国标准	
分类	BMI范围
过轻	≤18.4
正常	18.5~23.9
过重	24~27.9
肥胖	≥28.0

我们的身体有几个地方特别容易囤积赘肉，比如大腿内侧、大臂内侧、腹部等，这些都是比较松懈、容易产生脂肪堆积的部分，需要经过刻意的练习来塑造。为了让这些部位更紧实，我经常会做卷腹，以及大腿、小臂的训练。你可以根据自己的偏好向健身教练咨询。

每个人都需要给自己制定一套好身材标准。你自己要能说清楚什么样的身材是好身材，并努力将身材塑造成你想要的样子，然后奋力保持，坚持到底。好身材是我们收获好体能、重获自信的基础，我也希望大家能够从这一节中有所受益。

本节复盘

用好身材的三个标准评估你的身材；根据书中内容调整你的饮食习惯。

15

间歇性运动铸造优异效能

很多人都觉得锻炼是一件非常痛苦的事情，尤其是冬天，大家爱躲在被窝或温暖舒适的环境中，总觉得健身房是冰冷的。但我发现，越是优秀的人越重视运动。当问起他们周末及每天早晨、晚上都会做什么，大多数优秀的人都会说去健身。这一节要讲的是间歇性训练，这种方法能够帮助你用很少的时间保持运动的好习惯。**坚持运动能使人承载高负荷压力，增强身体韧性，提升精力的储备能力。**

《财富》世界500强企业的领导者，比如星巴克的创始人霍华德·舒尔茨、苹果公司的掌舵人蒂姆·库克，每天早上起来必做的事情就是运动，有健身房成为他们预订酒店的一个必要标准。还有李文昊博士，他每天早起都要先拉伸韧带，让自己的身体保持灵活。我常去他家做客，能看到他家有专业的健身房和游泳池。

那么，身体锻炼到底和一个人的效能之间是什么样的关系？

一项由哈佛大学和哥伦比亚大学联合发起的研究发现，短时间内，维持高强度的有氧练习 60 秒左右，保持这个心率，然后进行完整的有氧运动恢复，只需要 8 周，受试者心脑血管的健康水平就有了显著提升，情绪也得到了改善，免疫力有了提高，舒张压也开始降低。杜邦公司的调查发现，全年企业健康计划的参与者在 6 年中的工作缺席率比未参与者低了 47.5%，同时前者的病假率也比后者低 14%。还有一项对 80 位高管进行了为期 9 个月的追踪调查发现，定期锻炼的人比不锻炼的人的健康水平高 22%，处理复杂问题的能力也高 70%。你会发现，越是高层领导者，有运动习惯的人就越多。因此，体能训练不仅可以保持我们身体的健康，还可以提高我们每天应对挑战的能力。所以，保持运动状态是每一个人都要做的事情。

如果你的工作时长不能保证你有充足的运动时间，我推荐给你一种方法——间歇性训练。

要注意两点：**第一，如果你目前没有运动的习惯，那么低强度间歇性训练会是你运动的开始；第二，如果你平时能运动的时间有限，间歇性训练确实是一种性价比很高的运动方式。**

间歇性训练是指对动作结构、负荷强度和间歇时间提出系统的要求，使机体处于不完全恢复的状态下，反复进行练习的训练方法。这种训练方法是 20 世纪 50 年代德国的心脏学家赖因德尔和教员倍施勒提出的，其核心理论就是在训练中加入休息时间，身体就可以完成更高强度的工作。他们认为，训练的时候如果心率在 170~180 次 / 分钟，那么就要让间歇后的心率在 100~120 次 / 分钟时再进行训练，这样有利于增加你的心泵功能。这种方法最大的优点就是在练习期间和休息期间，让一个人的心率始终保持在最佳范围内。间歇性训练有低强度和高强度之分：高强度是指训练强度为 90% 以上；低强度是指训练强度在 50%~70%。根据个人情况，训练达到高强度持续 20~30 秒，再做相同时间或两倍时间的低强度恢复运动，这样就完成了整个间歇性训练的要求。

那什么是心率？心率指的是正常人在安静状态时每分钟心跳的次数。一个人的心率平均是每分钟 60~100 次，但是因为年龄、性别、生理因素等，可能会有个体差异。对于间歇性训练的初学者来说，心率可以是一个参考值，但更要看自己的主观感觉，循序渐进。

什么是心泵功能？

我把它叫作一个人的精力容量。精力对一个人来说就像电池，电池的容量是很关键的。千万不要小看间歇性训练，它是增强你这块电池容量的一个关键性要素。如果你对这部分内容感兴趣，可以查询相关的学科资料。

心泵功能对于人来说到底有什么样的好处？

如果你觉得以下几点好处对你来说很有吸引力，你就需要学会间歇性训练。

首先，它会增强一个人的心脏功能。

其次，它会增强人体的一系列代谢和系统供能的能力。比如，它会增强我们需要的乳酸功能、有氧代谢功能等，这是增强一个人代谢能力和免疫力的有效方式。

最后，增强你的抗压能力。平时你接到工作任务时，马上就觉得压力很大。但经常进行系统的间歇性训练的人，对压力不会这么敏感，他们在遇到挑战的时候，通常会觉得很正常。换句话说，就是把你的身体训练到时刻备战的状态。

间歇性训练能帮助我们扩展自己的精力容量，这就是你的精力这块“电池”的基本承载量。它使你的身体可以承载更多的压力，并且能高效地恢复。

那么，该如何进行间歇性训练？

其实有很多种方式都可以帮助你完成间歇性训练，比如短跑、爬楼梯、骑自行车或动感单车，甚至是举哑铃。当然，我提到的这些是我的习惯，不代表你一定要完全复制这些方法。我建议你和专业的健身教练沟通，或者跟着 Keep 这样的运动软件中的视频学习。总之，你要找到适合自己的方法，然后坚持训练。

作为企业创始人，我在公司运营管理中也同样倡导健身文化，我要求直接向我汇报的高层管理者必须有一项自己喜爱的运动，甚至把它纳入我们的管理规定中。同时，健康的饮食习惯也是我重视的内容。我认为，公司的员工就是和我没有血缘的家人，甚至比家人间彼此陪伴的时间更长，公司要对他们负责，不仅在业务能力上，更要在身心方面全方位帮助他们成长。如果你的公司没有这样的环境，就必须自己帮助自己，主动练习，或者加入我们的微信社群活动中，激励彼此，成就自己。

我给我的学生设计了这样一套间歇性训练方法，供你参考。

你需要配一块可以监测心率的手表，比如 Apple Watch，或者更专业的 My Zone 等。在运动中，你可以时刻用它查询自己的心率。然后，你可以设定一个可以承受的目标心率，可以根据你的健身体检报告来定，或者与你的教练共同商议。比如，我们可以用跑步机来做间歇性训练。如果你是初学者，可以先尝试低强度的间歇性训练，比如将目标心率设定为 140 次 / 分钟。

接下来，这 140 次 / 分钟该怎么达到？我发现，我通常只要快步走就可以达到这个目标心率了。找到这种运动方式后，你要将这 140 次 / 分钟的心率水平维持 60 秒，在这 60 秒期间，请你坚持快步走，等心率再高一点儿的时候，你就要慢下来走，确保你的心率维持在 140 次 / 分钟。当你继续下一个 60 秒的时候，再将步伐慢下来，直到你的心率回落到 90 次 / 分钟，维持 60 秒后，再循环往复，回到 140 次 / 分钟。如此循环，一共保持 20 分钟。这就是间歇性训练的基本模式。它并非要求你的身体承担 20 分钟以上的高强度压力，而是要教会你的身体如何忍受短时间的压力并完成有效的自我恢复。

你可以完成连续 4 周的训练。第一次训练要求自己先达到这样的心率标准；第二次训练可以不是每一次都达到 140 次 / 分钟的心率，比如可以保证在 100~140 次；第三次训练到 100~130 次。你要不断地尝试，找到你的目标心率。通过这样的反复循环，让身体承受更多的压力，而不是感到特别疲惫。它是增加你精力容量的好办法。

当你可以坚持一周进行 5 次这种间歇性训练后，其实你每一次只需花费 20 分钟，而且在任何地方都可以这样做。

另外，蹲起和散步也同样可以达到训练效果。只要能调节你的心率，你就可以完成间歇性训练。同时，它能提升你全情投入的能力、快速反应的能力、自身的灵活性等。

通过这样的训练，你会发现，你不运动的时候身体还会“难受”，你会慢慢喜欢上运动的感觉。大家至少要坚持 4 周（我们的运动励志币计划通常是以 70 天为起点的），帮助自己养成坚持一项运动的好习惯，增加心泵功能，实现机体的综合提升。

本节复盘

本节介绍了间歇性训练给身体带来的价值和训练方法。坚持 4 周，让我们关注身体的变化。

16

强化力量训练打造肌肉动力

人体的肌肉共有约639块，主要由肌肉组织构成。我在这一节想和你分享的是，我们为什么需要训练肌肉，以及如何训练肌肉。

肌肉对人体有三种意义。

第一，肌肉让你健康且好看。没有肌肉的人，年纪越大，皮肤越容易松弛。其实看一个人是否拥有健康的生活习惯，完全可以看他是否拥有健康的肌肉。尤其夏天的时候，更容易看出一个人的手臂、肚子是否松弛，腿部肌肉是否紧致。实验表明，肌肉和脂肪的密度是不同的，在相同质量的情况下，肌肉的体积大概比脂肪小1/3。而且肌肉和脂肪消耗的能量是不一样的，差异也不在一个级别上，肌肉消耗的能量远高于脂肪。

第二，肌肉可以提供动力。肌肉与一个人的精力、体力、抵抗力密切相关。精力是让你能够在同一时间内完成很多事情的基础，体力可以让你做很多事情都不觉得很累，而抵抗力能够让你少生病。如果坚持足够强度的肌肉训练，你的精力、体力，以及抵抗力，都会得到一定的保障。如果不对肌肉进行训练，你的精力也会跟着衰减。比如，人到中老年时期，精力会明显下降，其中一个原因就是肌肉含量不足。

第三，保持一定的肌肉量可以防衰老。衰老的出现其实是人体的一种综合表象，它可以表现为人体的柔软度慢慢降低，可以表现为人的体温慢慢下降，也可以表现为人体的肌肉量慢慢变少。在青春期，人的肌肉组织的含量会达到峰值，而青春期以后，肌肉含量就会不断地减少。毋庸置疑，肌肉量变少是人体衰老最直观的原因。而拥有一定的肌肉量能够有效地提高骨密度，保护骨骼，提升机体活力。

知道了肌肉的重要意义，用什么方法才能有效增肌呢？

当我意识到肌肉对人体的重要性后，我就决定开始训练肌肉。训练主要靠两方面，一个是“练”，一个是“吃”。

先来讲怎么吃，也就是能量摄入。

我多次讲过，人体能量有一个标准叫基础代谢。如果你想增肌，每天的摄入量一定要大于基础能量消耗，这样身体才有足够的条件去形成肌肉。你可以购买一个能测量各种指标的体脂秤，一般健身房都有这类配置。通过测量，你可以看到自己的体重、骨质状况、肌肉率等，还可以看到你体内的脂肪含量。

如果你想练得精细一些，就必须精准地摄入能量，而不能简单地使用平均值。

我的基础代谢数值为 1 200~1 300，如果我想增肌，每天要摄入超过 1 300 千卡。建议你参考自己的基础代谢率，确立适合自己的饮食习惯。

了解清楚增肌与碳水化合物的关系。

增肌能不能完全“脱碳”？答案是不可以。碳水化合物是首先被消耗的营养物质，如果你在增肌阶段不吃碳水化合物，只吃蛋白质的话，身体在需要能量时，就会首先把蛋白质作为供能物质去消化。这时你虽然摄入了蛋白质，但它不会转化为肌肉，达不到增肌的效果。所以，你必须先吃一定量的碳水化合物，同时也需要保障充足的蛋白质供应。

另外，我讲过 GI。为了寻求饱腹感，你可以选择吃那些 GI 值低、构造复杂、不容易消化的碳水化合物，如全麦、糙米等。

除了适量的碳水化合物，也建议大家增加蛋白质的摄入。

蛋白质是肌肉的重要组成部分。很多人会觉得使劲吃蛋白质就好了，实则不然。

蛋白质的理想摄入量是和我们的体重成比例的，每 1 千克体重摄入 2 克蛋白质。拿我自己来说，我现在的体重为 46 千克，每天我只需要吃 92 克蛋白质就可以了。在蛋白质的来源上，我会选择吃鸡蛋的蛋白、高蛋白的鱼、虾、牛肉等，来增强蛋白质的摄入。

需不需要增加蛋白粉的摄入？

以下两种情况是可以摄入蛋白粉的。

第一，每天会进行大肌肉的活动，比如进行负重等高强度练习的时候，喝蛋白粉是比较适合的。

第二，当你没有条件摄入蛋白质，比如在一些特殊环境下生活的人、素食主义者，或者消化不好的人，蛋白粉就是合适的选择。

说完怎么吃，现在来说怎么练。

增肌训练有很多种方法，但基本都包含以下三个部分。

第一，有氧训练。

比如跑步、骑自行车、游泳、练瑜伽等，它的主要目的是减脂，也就是通过燃烧脂肪，降低体重。

第二，抗阻训练。

比如利用器械做抗阻训练的方式来增肌，提升肌肉耐力，增强全身力量。

第三，拉伸训练。

这是很多人在训练过程当中容易遗忘的。就是通过伸展肌肉，增强肌肉的延展性和柔韧性，塑造优美的身体线条，帮助肌肉从疲劳中恢复。

这里我重点讲一下抗阻训练。我一般的运动顺序是每天先进行有氧训练，打泰拳；接着完成抗阻训练，目的是训练特定的肌肉群；最后完成拉伸训练。

你可以选择训练任何一块肌肉。当然，你也可以有目的地选择训练显胖或松弛的肌肉，我重点训练过我的手臂、腹肌和臀肌。如果你大腿的脂肪比较多，可以重点训练大腿肌肉。

为什么做了很多增肌训练，肌肉也显露不出来？

如果你的脂肪比例较高，你的肌肉是不能通过增肌显露的。这时你要先减脂，再训练肌肉。其实你平时在进行力量训练时，虽然肌肉显露不出来，但你还是有肌肉的。

有些人增肌是为了穿衣好看，拥有肌肉线条，比如“马甲线”、臀肌等，这就需要先减脂。当脂肪比例低于一定含量，一个人的肌肉才会显露。

肌肉训练需要遵循两项原则。

第一，循序渐进。有个数值叫 RM，指的是单位时间内一次极限量能做几次训练。比如 RM 等于 6，就是指这个动作你需要不停地做 6 下。RM 的数值代表你一次能做几次。RM 不同数值的训练，效果是不一样的。

有研究表明，RM5~10 会促进肌肉的增粗、增大，力量和速度可以稳步提升，但是耐力提升不是很明显。所以很多健美运动员在选择训练项目时，会优先选择 RM 5~10 来进行基本的运动训练。

RM 在 10~15 的动作训练，主要是促进你肌肉纤维的增长，但是并不明显，不过你的力量、速度和耐力都会提升。

RM 到 30，肌肉的毛细血管就会增多，耐力也会增强，但是力量和速度的提高并不是非常明显。所以当你进行增肌训练时，你要想明白你要达到什么目的，是增加大块的肌肉，还是增强肌肉耐性，或是增强肌肉爆发速度？你可以按照这个数值进行比对。

第二，反复练习，注意训练频率。建议隔天训练，不要每天都做。因为增肌是肌肉进行拉伸、撕裂和修复的过程，训练肌肉最害怕的就是勉强和停歇。勉强就是每天去做而得不到充分的休息，肌肉不会长好，还会受到损伤。停歇指的是你需要营养的补充，饮食要跟上，这对肌肉的修复很有帮助。但如果连续几天都在进行这样的训练，肌肉也会消退。

所以，从你开始做增肌训练的那一刻起，你的肌肉训练是不能停的。

如果你想拥有好看的肌肉线条，就要让自己严格遵守训练的原则。还有，你可以给自己制订一套肌肉训练计划。如果你想真正地训练肌肉，我建议你请专业的健身教练来指导，这样可以事半功倍。千万不要盲目地练习，因为没有相应的专业指导可能会让你的肌肉受到不可逆的、损耗性的影响。

本节复盘

测试自己的基础代谢率，判断每日摄入的能量，遵循肌肉训练的两项基本原则，开始训练你的肌肉吧。

第三章 正确休息：排解压力的关键

17

如何随时随地为体力充电？

体力不足的本质是精力不足。当体力低下、精力不足时，会有什么表现？通常表现出来的是情绪和状态不好，经常感到急躁，意志消沉，人际关系处理不好，容易起冲突，生活中缺少激情。

当这种情况出现时，就要开始补充体力和精力了。

我曾经为一位企业家做精力管理的咨询。通过对话，我发现他的精力管理实际上是有问题的，最明显的是体能管理方式的问题。他小时候是运动员，打篮球和排球都很厉害，有引以为傲的好身材。但是工作后，他的体脂率就升高了，出现了“中年发福”的情况：肚子很大，血压、胆固醇也偏高，经常喝酒，偶尔抽烟，晚上入睡困难，多梦易醒，精力状况不是特别好。

经过进一步的了解，我发现他的饮食习惯也不健康。他早上起床晚，不吃早餐，上午 10 点习惯吃甜点来充饥，然后喝一杯咖啡。工作比较忙，中午在公司食堂吃午餐，饭后还要吃甜点，出差经常会吃麦当劳这类快餐，或是在应酬中吃大鱼大肉。到下午4点基本就没有精力了，甚至有的时候其精力会在一天中急速产生“断片”的状况，没办法聚焦。到傍晚，他的脾气也不是特别好。他在下午精力不好的时候会吃饼干，他的办公桌上经常摆满了零食。晚上不应酬的时候，他也会摄入高能量的食物，一般七八点才开始吃晚饭。他说，自己工作这么辛苦，晚上就要吃点儿好的。

我又问他平时是否运动，他说因为很忙，所以没有时间运动，偶尔会跑步。他经常在晚上到家后处理工作邮件，所以晚上的工作压力也很大，有时候不喝酒就睡不着，所以经常要在半夜喝一两杯红酒才能入睡。睡觉关灯时一般都已经是凌晨了，每天最多睡五六个小时，经常做梦，睡眠质量低下，有时候早上起来感觉自己精神不好，有时觉得自己根本没睡觉。他说，如果不靠咖啡，他很难坚持一整天。

当我听他倾诉的时候，我做了换位思考：如果我的人生变成这样，那么我每天会很不快乐。说实话，这样的饮食和生活习惯存在种种问题，导致他精力低下。这是我遇到的个案，那么解决方案是什么呢？

其实，人的体能规划是分两条线的，一条线是长远的规划，也是系统性的规划。每个人自带的系统不一样，你需要为自己制定一套方法论。另一条线就是我在这一节要讲的，是随时随地的“妙招儿”，是短期内就能补充体力、精力的方式。

请大家记住一个公式：睡永远大于吃，吃大于其他方式。

所以，如果你需要短期补充体力，睡觉是最好的选择。其次是吃，然后是其他方式。

接下来我会介绍九种快速补充精力的方法。

一、用吃来补充精力

摄入一些高能量的食物能帮助你恢复体力，但是也要讲究吃的种类、量和频率。我向读者推荐几种比较优质的能够帮助恢复体力的食物，你可以参考选择。

巧克力能够帮你快速恢复能量。可以吃黑巧克力，它能够让你的精神振奋，而且起效速度快。如果你在减肥期，建议你吃香蕉。尤其是喜欢运动的朋友，运动时会大量流汗，流失钾元素，香蕉是补钾的一种重要的食物。

如果前一天熬夜，之后就需要补充体力。这时不建议你摄入高蛋白的大鱼大肉，因为身体会难以消化，因此还是建议尽量选择好消化的食物。一般我在熬夜过后会喝一些流食，这样的话会降低我身体的能量损耗，同时降低咀嚼的压力，因为咀嚼本身也会有相应的能量损耗。

在零食方面，可以选择吃一些坚果，营养丰富，而且对心脏病、血管病有预防作用，还可以明目健脑。另外，建议你吃百香果、鲜枣、猕猴桃等水果，它们可以补充大量维生素 C。如果觉得酸，也可以直接服用维生素 C 片。

晚餐不要吃太多。很多人会觉得，忙了一天，一定要在晚餐时好好吃一顿。但其实你吃得越多，越容易陷入一种疲惫的状态。

二、用喝来补充精力

可以喝咖啡、茶这些天然饮品。咖啡粉每天不超过 20 克，在条件允许的范围内，不要喝速溶咖啡。另外，很多咖啡伴侣中都含有反式脂肪酸，对人体不利，所以建议你喝纯咖啡。如果你有喝咖啡的习惯，最好在家里备一台磨豆器，手摇的磨豆器是不错的选择。

三、好睡眠养成好体能

小睡可以参考前面提到咖啡盹（Nap–A–Latte）的方式。当然，在睡觉之前可以将薰衣草精油滴在枕旁，也可以使用香薰机。建议使用丝质或纯棉的眼罩，眼罩的遮光作用能让你迅速进入睡眠状态。同时准备一副耳塞，降噪帮助入睡。再准备一个薄枕，以保护颈椎。

四、运动

养成运动的习惯。当然，在你感觉体能不好时，建议做拉伸运动来恢复体力。

五、吸嗅

可以吸嗅薄荷精油，能帮助你迅速恢复体力。

六、好心情音乐清单

我比较喜欢听爵士乐，听完之后心情就会很好。当然，每个人的偏好不一样。你平时在听音乐的过程当中可以留意自己听起来会比较舒适的音乐类型，把它列成你的“好心情音乐清单”。

七、找喜欢的人聊天

偶尔聊 20 分钟，哪怕通电话或视频，也会帮助精力补给。

八、给自己敷一片面膜的时间

有条件的话，在疲惫时敷一片面膜，或者对面部喷保湿喷雾，可以帮你舒缓、镇定、放松。如果有时间，可以做一次 SPA（水疗），以彻底放松。

九、增加一些有氧训练

以走路为例。我们在最早设计公司内部空间时，就把洗手间设置在户外。这样，大家上洗手间时，需要先在北京的 798 艺术区里步行一段距离，呼吸新鲜空气。这样的设计是希望员工们可以在大脑缺氧时，有一段放松自我的时刻。有些企业家朋友反对说，这会降低员工的工作效率。但我认为，对于知识生产的脑力工作者来说，更重要的是劳逸结合，才能有更好的产出。所以如果你有机会，不妨经常到户外走一走，补充能量和体力。

这九种方法都属于“充电宝”式方法。当你精力不足时可以去使用。但它们都是短效的，你真正需要做的，是建立一套长久的精力管理的机制。

最后提醒一下，注意维持身体的节律。

很多长期熬夜的人第二天都要睡到自然醒。

我说过，身体最重要的是节律。如果早上 5 点醒，晚上 11 点睡，就是节律。当你晚上熬夜，第二天又延迟了起床时间，那你的整个节律就被打破了。我建议你在夜的节律被打破的时候，尽量不要同时打破昼的节律，也就是尽量早起。可以拖延一个小时，但最多不能超过两个小时。否则由于节律紊乱，你的生理状态就会受到相应的影响，身体的免疫功能就会下降，如果再想早起就会很困难，而且第二天会感到昏昏沉沉的。

如果熬夜该怎么办？

第一，可以晚起床一到两个小时。

第二，中午一定要找机会小睡，不要超过半小时，避免进入深睡期。

第三，在饮食上一定要降低能量消耗，吃一些轻食。比如我给大家推荐的好喝的蔬果汁，用苹果和西芹以 3:1 的比例榨汁，味道很不错。

第四，当日一定要早睡，可以提前半小时睡觉，找回你的昼夜节律。

本节复盘

本节介绍了九种快速补充精力的方法，如果确认不了哪种方法适合你，可以先做尝试并记录精力的恢复情况，找到适合自己的方法并开始实践。

18

持续消耗与恢复不足的危害

很多人把精力比作银行账户里的钱，人体存储精力、消耗精力的过程就像银行账户中存钱、取钱的过程。我们只有获得足够的收入，才能维系日常的支出，不管是精力账户还是银行账户，都是同样的道理。银行账户如果枯竭，一个人就会没有财务的支撑，现金流断了，也就没法儿在社会中生存。

一个可持续的系统一定是一个循环系统。

不久前，我对话过洛克菲勒家族的第五代传人瓦莱丽·洛克菲勒女士。她是洛克菲勒兄弟基金会的董事会主席，她说，洛克菲勒家族其实在家族成员年纪很小的时候，就开始培养他们如何使用资产。他们有一个“三分之一”理论：孩子拿到零花钱必须分三份，将其中三分之一存起来以备不时之需，再将三分之一用作日常的开支，用剩下的三分之一去做慈善。这就是他们自己家族建立的理财方式，是一种价值选择。

图 2　张萌与瓦莱丽·洛克菲勒女士

了解这件事后，我在微博上写了一篇“复盘笔记”，讲到每个人都要学会有节制地存储，同时想办法增加收入，这就是理财。

我们的身体其实也是一个银行账户。身体银行账户里存的钱就是你的精力。

身体里的精力账户也有破产的可能。如果精力账户余额不足，精力的存量很少，你消耗精力的速度又特别快，那么身体银行账户里面的精力就会不断地减少。如果一个人没有及时储存精力的能力，那这个人的身体就会处于损毁、亏空的状态。

我们这一节主要讲的是持续消耗和恢复力不足的危害，其中包括两点：第一是持续消耗，指持续花钱；第二是恢复力不足，指的是没有进账。

那么，这到底跟我们的身体有什么关系？

你如果观察大自然，就会发现，大自然本身就存在着自然的律动，存在着活跃和休息之间有节奏的、波浪形的交替。涨潮退潮、四季更替、日升日落，都属于这种交替行为，它有最高峰，也有最低谷。生物也有一定的节奏，比如鸟类迁徙、熊冬眠、松鼠收集坚果、鱼儿产卵等。

人的身体也存在一定的节奏，只不过很多时候你都处于忙碌的工作状态，已经把节奏感打破了，因此根本就没有看清自己身体的节奏是怎样的。

人体的节奏是存在于基因里的。

一个人的机体会不停地变化，他的指标也会发生变化，比如呼吸、脑电波、心率、体温、激素水平，还有血压，都会有节奏地波动。这好比跳一支圆舞曲，你要能伴随音乐的律动，踏上轻盈的舞步，与音乐合而为一。这就叫作适应节奏。

那么，我们精力的节奏到底是什么？

从广义上来讲，我们的身体其实遵循着活动和休息的循环模式，大概每 24 小时循环一次，这就是人体的节奏。除此之外，还有更细微的精力节奏。

20 世纪 50 年代初，有两位美国的研究员——一位是阿瑟林斯基，另外一位是克莱特曼——发现睡眠有 90~120 分钟的周期：从浅层睡眠到大脑频繁活动，到做梦的阶段，直到深度睡眠、大脑静止并进行深层修复。这个过程其实就是活跃休整。[①]

到 20 世纪 70 年代，进一步的研究表明，大脑在清醒状态之下其实也存在这种周期，它叫作次昼夜节律。这就意味着，除了夜晚的睡眠节律，在白天也存在着次昼夜节律。也就是你的大脑中也存在一个 90~120 分钟的周期，这决定了你的精力的“涨潮”与“退潮”。

请记住这样一句话：次昼夜节律掌控了你一天精力的高或低。

比如，你会发现自己的激素水平、肌肉张力和脑电波活动是不一样的。每天刚开始时，你热情高涨。一小时后，全部数值可能会开始下降。到 90~120 分钟，你的身体就希望休息一下，并且给你发出了一些信号，比如打哈欠或精力不集中，在感到饥饿的同时感觉压力增大，开始胡思乱想，情绪开始失控，更容易犯错，做精准性工作时会拖延。

这时候，很多人会选择跟自己的节律做斗争。人体开始释放一种叫作压力激素的物质，它会迅速让自己应对所谓的压力事件和突发事

---

① 吴国宏 . 心理学经典读本 [M]. 上海：复旦大学出版社，2011.—— 编者注

件，让自己勉为其难地去完成每一项工作。这时候你就会意识到，此时你在完成一项持续消耗自己的工作。这时你就是在以释放压力激素的方式透支精力，也就是在“逼自己一把”。

我曾经说过，人可以逼自己，但不能总逼自己，要在适合的时候使用这个“大招”。如果忍耐时间过长，压力就会导致你精疲力竭，甚至崩溃。这时候你的持续消耗就会导致你自己的恢复力不足。换句话说，就是你把精力银行账户中的钱一次性全部花光了。

压力激素在体内也是产生定期循环的结果。有时候它虽然能够保持你的机体活力，但是长时间释放就会让你变得咄咄逼人、急躁不安、自私冷漠，这些都是压力激素在体内循环的表征。

如果始终忽略张弛有度的法则，这甚至会威胁你的身体健康。

有时候需要通过人工的方式来制造波动，缓解生活的单线化。

当你精力不足时，你就会想喝咖啡，想吃一些刺激性的食物、喝碳酸饮料等，因为你知道这个时候如果不能通过休息得到放松的话，就只能依靠外界的刺激来帮助你。到晚上，你可能需要通过药物才能入眠，白天你会需要咖啡甚至酒精帮你提神。你实际上是在描绘自己的曲线，也就是说，你并没有依照舞曲原有的节奏去跳舞，反而是自己编了一支舞曲。

你在生活中可能会遇到各种各样透支精力的方式，这就是我们为什么需要系统性地学习精力管理的内容。

本节复盘

持续消耗对人体是有危害的，希望你能够了解，人体是有一个次昼夜的节律系统的。通过你的次昼夜节律，你就会知道，如果你不去为自己的精力增值，反而持续消耗自身，导致恢复力不足，你的身体最终就会“崩塌”。这就是我们为什么需要掌控生命的节奏感。

19

张弛有度：生命需要节奏感

说到节奏感，首先，大家一定要对身体节律有了解。什么叫节律？比如，自然界中，大海有潮起潮落，太阳有日落日出，四季更迭，昼夜交替；动物界中，冬天熊会冬眠，大雁会南飞；等等。人的身体同样也有节律。

身体最重要的节律就是昼夜节律。

就好像一年四季以 365 天为一个基本周期一样，昼夜节律指的是在你生命活动中，身体是以 24 小时作为基本的周期来运行的。除了调节你的疲劳和清醒程度，这种内部生物钟还可以协调你身体的很多细胞，精密地调控你的身体这台机器的运作，比如皮质醇的释放、体温、血压的波动等。

美国俄亥俄州立大学研究神经科学的医学中心的教授们做过这样一个比喻。大概意思是，如果你认为身体里的所有分子细胞和生理过程就像管弦乐队那样合奏运转，那么你的生物钟就相当于是首席指挥家，它能确保你的睡眠激素分泌，还有代谢、体温和免疫系统这些身体节律的演奏者按部就班地工作，共同奏成生命的乐章。

那么，关于身体的节奏感到底包含哪些内容？

第一，身体对节律变动很敏感。

其实对于生物钟来说，哪怕你的节律只差一小时，你也会觉得非常不舒服。

美国西北纪念医院睡眠障碍中心主任菲利斯·泽兰博士曾说，大多数人的身体在一天之内只能适应一个小时左右的昼夜节律变动。然而有时候，就连这一个小时的变动，对于有些人来说也是难以适应的。我对这句话深有感触，日本、韩国与中国之间仅有一个小时的时差，但每次我去这两个国家，就能清晰地感知时差的存在。

有研究表明，从周末到周一的这个时间段，人们心脏病发作和出现交通事故的可能性会明显增加，而周末和工作日的差别就是生物钟的调整。由此你可以想到，生物钟对人体来说非常重要，你只变动一小时，比如早起一小时或早睡一小时，对人体都会有明显的影响。

我在这方面深有体会，我曾经在“下班加油站”组织过早起打卡社群，也交了很多早起的朋友。很多朋友参加早起打卡，都是想来寻求自我改变的。他们过去都习惯于七八点起床，但上完我的课后，很多人开始自发地四五点早起，想要向我学习。但事情往往不尽如人意，很多人在坚持早起一段时间之后，就会出现免疫力下降和一些系统性的紊乱，然后开始感冒。

这就印证了我刚才讲到的第一点，也就是破坏了身体的节奏感。面对一个小时的节律调整都让你觉得不适，原因就在这里。身体对于一个小时的节律调整的感知是非常明显的。

我相信你此刻一定想知道，如果我们的身体对节律的变化这么敏感，那么该如何学会早起呢？

我的建议是循序渐进。

如果你想早起，可以把 21 天作为一个循环周期。一年 365 天，就大概有 17.4 个 21 天，我们姑且将它算为 18 个。你可以在每个周期比上一个周期提前 5 分钟早起。也就是说，如果你以前是 7 点起床，在第一个 21 天中，你就选择在 6 点 55 起床，在第二个 21 天，坚持 6 点 50 起床，以此类推。人体对于 5 分钟的节律变化其实没有太多的感知（你的身体不容易发现你早起了）。但你也许会觉得这样太慢了，要什么时候才能做到早起啊！其实不然，让我们来算一算，一年 18 个周期，每个周期早起 5 分钟，那么一年就可以早起 1.5 个小时，这样，你就在不知不觉中从早上 7 点起床改为 5 点半起床。到第二年，你就可以调整成从早上 5 点半到早上 4 点起床了。用两年时间，你就可以和我一样，做到 4 点就能起床。最关键的是，在这个过程中，你不会感到身体有负担，因为它是在潜移默化中发生变化的。

请记住第一点，即使相差一个小时，你的身体也会觉得很不舒服。

第二，频繁倒时差会严重扰乱生理功能。

60 分钟的昼夜节律差异都会让你觉得不舒服，你就可以想象横跨时区的几个小时的飞行会对你的身体和精神产生多大影响了。

你会发现，如果你需要习惯性地倒时差，比如在海外工作或昼夜倒班，你经历的就是生物钟的快速调整，你会很不适应，你的生理功能会紊乱，这是因果关系。我在国际旅行期间，一般会尽量预定回程航班是睡觉的航班，而这个睡眠时间与国内的时差吻合，也就是我在提前适应国内时差。去程也是这个道理。

第三，每个人的昼夜节律系统都不一样。

不同的人会有不同的节律类型。用鸟类来打个比方，有的人是云雀型，有的比较喜欢熬夜的人是猫头鹰型。

大部分人在正常情况下，都会在相似的时间和框架内生活，比如早上起床，晚上睡觉。而倒班工作会让人觉得特别苦恼，因为它违背了身体的自然节奏感。

我自己一直在遵守早睡早起的好习惯，但我的很多学生过去养成了晚睡晚起的习惯。如果你想从晚睡晚起调整成早睡早起，你只需要按照我在第一条中说的 5 分钟早起改变法，就可以有效地帮助你达到这个目的。

第四，光照影响人体节律。

光线会对身体节奏感施加重要的影响。明亮的光线，无论是自然光还是智能手机反射的蓝光，都会引发身体的一连串反应。眼睛中的受体对于短波长的光线比较敏感，比如蓝光。因此，在入睡前看手机会影响你的睡眠、情绪和生理代谢。

第五，借助光照平衡节律。

如果你希望你的昼夜节律正常、健康，请你尝试古人接触自然光的方式，也就是你要最大限度地保证白天能够接触阳光。

为了达到这个目标，如果你每天在光线比较暗的写字楼内工作的话，请你一定要抽空到大自然中接受阳光的照射，这样还能补充维生素 D。每天至少散步 20 分钟，让自己昼的节律能够充分地发挥它的影响力。

第六，锻炼身体的节奏感。

锻炼也有最优时段。科学家对小白鼠做过一个实验。他们发现，下午锻炼的小白鼠生理状况更加稳定。运动学家也多次建议人们不要在睡前运动，因为体力活动的增加会增加皮质醇的代谢反应和心率，造成入睡困难。

第七，下午是身体节律的低谷。

人在下午会进入萎靡状态，这也与昼夜节律相关。一般下午 2~4 点的时候，人会进入精力的低潮期，因为节律在起床之后 8 小时左右就会进入低谷状态。比如你在 4 点早起，那一般 8 小时之后大概是 12 点，精神状态就会变差。这个时候，你可以打个盹儿，半个小时左右，就可以迅速恢复精力了。

所以你可以用起床时间加 8，作为身体准备恢复的时间。

第八，遵循昼夜节律的人免疫力一般会比较高。

很多时候，大家对免疫力这件事情是有误读的，不知道如何提升自己的免疫力。

一系列的科学研究发现，能够遵循昼夜节律的人，免疫系统也会提升，免疫力增强自然也不容易生病。身体健康是对你良好作息习惯的正反馈。

所以，你要学会去评测自己的昼夜节律。

如果你想测试出你的昼夜节律的话，不妨参照我在第 4 节提到的方法绘制一幅精力波点图，找到自己的昼夜节律。

本节复盘

复习第 4 节内容，测评自己的昼夜节律。如果你想早起，从现在开始给自己制订 21 天的周期计划，早起 5 分钟试试看。

20

见缝插针：间歇与碎片化恢复体力

大家知道，顶尖运动员与普通运动员的表现存在巨大的差异。分析、掌握这个差异，把规律迁移到工作场景中，能帮助我们充分发挥自身的潜能。

著名效能心理学家吉姆·洛尔博士通过研究分析，得出了造成优秀竞技选手跟普通选手之间差距的原因。他花费了数百个小时分析顶级选手的比赛，发现这些所谓的顶尖选手的技能习惯和普通选手没有什么差别。但后来他关注了一个重要的细节，明白了其中的奥妙——顶级选手会抓住一切可以利用的间隙恢复精力。

这也正是我想在这一节与你分享的，要学会见缝插针地恢复体力。洛尔博士发现，那些卓越的运动选手在两轮比赛期间有固定的行为模式，这会帮助他们充分地恢复体力，不必刻意训练就得到了放松。比如，有的运动员会慢慢地把头跟肩膀摆正，调整视线；有的会使用特殊的呼吸方法，甚至自言自语。

优秀的选手会利用比赛的间歇，最大限度地恢复体力和精力，但是普通选手根本没有主动恢复的习惯。这种休息习惯的差异，造成了两者水平发挥的差异。

由此，我联想到自己打泰拳的节奏。我的教练是一位国家级教练，每次训练中，他总用特别的方法教我放松。通常在比赛期间，两轮拳击间会有半分钟的休息时间。但他为了给我增加难度，会把这段休息时间从半分钟调整到十秒，并叮嘱我在休息期间完成两件事：第一件事就是极大程度地拉伸，因为拉伸能让我放松；第二件事就是努力完成呼吸训练，因为大口呼吸会让人体葡萄糖快速分解，产生能量。

所以在这十秒内，我要做到能量补充和极大程度地放松。这就是顶级的教练对运动员的训练要求，以及优秀运动员养成的习惯。而很多普通选手在比赛当中只是坐在那里喘气，他们在整场比赛期间，心率一直都处于较高水平。身体是很难维持这样的状态的。

通常来说，人的身体可以支撑在一定范围内忽高忽低的心率负荷，但是一直都处于高强度的心率负荷是很难支撑的。这也是我们需要做精力管理的原因。如果你绘制自己的精力波点图，你就会发现，自己一整天的精力水平也是有高点和低点的。我们要在高点的时候（精力状况好）完成重要的事，在低点的时候（精力状况差）休息。

抓住间隙休息，精力的恢复效果是十分惊人的。

设想一下技术水平和身体条件都一样的两名选手参加比赛，比赛时长是 5 小时，其中一位始终利用得分的间歇休息，另外一个则没有。显然这个没有休息的人的身体会更累。更关键的是，人在疲惫的时候更容易产生负面情绪，比如沮丧、愤怒。一旦产生负面情绪，压力激素就会增加，心率会进一步升高，肌肉也会变得僵硬，让人难以集中注意力。显然，在做事效率和效果上也会大打折扣。

因此你会知道，不会休息的人在高压之下连续工作几个小时，劳累是必然的。关键是伴随劳累的还有负面的情绪，以及注意力的分散，这些都是一个人精力被极大消耗的表现。

1998 年，美国陆军针对作战效率进行了一项研究，记录一组炮手在三天内连续击中目标的次数。第一组人被要求在三天里尽可能地发射炮弹，第二组人被要求时不时地可以停下休息。不休息的小组第一天击中目标的次数更多，但第二天击中的数量急剧下降；而休息的小组则后来居上，反超得分，并且一直领先到最后。这个实验有力地证明，间歇性休息能显著提升作战效果。

正如声音通过音符之间的停顿组成了美妙的音乐，字母之间通过空白组成了有意义的词语。如果音符没有休止，就没有音乐本身的旋律，字母间如果没有空白，也就无法连成一个单词。

同样地，没有恢复精力的时间，我们的生活将处于一片混乱当中，无法得到平衡。我们要抓住一切碎片时间，去恢复精力，控制压力和恢复的平衡点，这在任何效能至上的领域都是关键的。

接下来，我会为你提供几种间歇性休息的方式，这是经过我的长期自测使用的“私藏”。但必须承认的是，这些对我来说有效，不见得对你也有同样的效果，可以供你参考。建议你尝试一下每种方法，不尝试就不会知道什么方法有效。

第一种叫作强迫休息。

在创业多年后，我仍然坚持每个月去学习别人的线下课程。很多人问我，萌姐，你自己就是做教育培训的，为什么还要上别人的课？正是因为我致力于在这个领域做优秀的教师，我更需要不断地更新迭代，教给我的学生最优质的内容。

通常，我在课余时间，不论自己在听课后是否感到劳累，只要老师一说到“休息”，我会即刻放下一切去休息，可以去洗手间，也可以去喝水，或者找同学们交流（站立）。不管怎样，我一定会选择离开教室这个环境，这就叫强迫休息。除非你不希望自己的思路被打断，否则一定要强迫自己定时地停下来。

以工作期间借助上洗手间来休息为例。很多人都是只有想上洗手间时才会去。其实，上洗手间这个过程就会有行走的动作。平时开会期间，我也是用这种方法强迫自己休息的。

第二种是通过音乐疗法完成休息。

我自己时刻备着一副耳机。耳机要选品质好的，好耳机的音质效果好。否则，听到音质不好的声音，反而会对自己产生负面的影响。同时选择好听的歌单，每当要休息 5 分钟的时候，可以选择听一两首歌。

第三种是通过跟喜欢的人聊天来获得休息。

找到能够迅速达成一致观点和话题的朋友，喝杯咖啡，聊一下，就可以很愉悦地放松，自己还可以得到休息。

第四种是关于饮食的禁忌。

我一般喜欢在休息期间喝一些热饮，比如姜糖水、咖啡或柠檬水。也会吃一些健康的零食，坚果是不错的选择，黑巧克力也是可以的。

第五种是做一些让自己放松的事情。

比如，有些人喜欢临摹字帖，5 分钟就可以完成；有人会选择看一篇好的文章；等等。每天晚上回家的时候，我的间歇性休息就是泡脚、敷面膜。每周我会去上美术课，让自己处于心流时刻。我每年都会出版一本书，这本书已经是我的第八本书了。每天早上阅读、写作的美好时光，也是我的放松时刻。

这里还有几条原则需要大家遵守。

第一，注意控制时间。

你一定要在所有事项当中精选让你觉得能够在 5~10 分钟做完的碎片化的事情，而不是一项大工程。

第二，它可以让你得到休息、感到愉悦，而不是让你耗神。

有的时候，可能跟某些同事讲话会比较耗神。所以我在休息的时候会避免跟这些同事（比如不太好沟通的人）谈话，这属于充分休息。

第三，休息期间不能做决策。

休息期间是一个人充电的过程。你想象一下，如果一部手机正在充电，你让它完成一项特别复杂的运算的话，对它来说无疑是耗能的。人的身体也是一样的。休息时刻就休息，等充完电之后再做决策。这是我为人处世的一项重要原则。回首过去的创业岁月，我的很多决策性失误都来自睡前或疲惫时刻做出的决策。后来，我干脆在卧室墙上挂了一幅字——睡前不做决策。

第四，不能做影响心情的事情。

比如看小说，小说的剧情会让你的心情跌宕起伏，那么就不太适合在此期间完成。因为心情一旦在休息期间被影响，特别是受到不良影响的话，实际恢复起来也是需要消耗很多能量的。

以上四点是需要注意的事项。我希望你能做一个见缝插针完成休息的人，通过休息为你奏出一曲美好而动听的生命之歌。

本节复盘

复习本节讲述的见缝插针的五种休息模式，实践并记录下来。

21

定期更新精力：工作中如何休息？

很多人觉得，那些“钢铁战士”是不用休息的。我在这一节想告诉你，优秀的人都会休息。那么，我们需要什么样的方法，才能完成真正的休息？

《快公司》杂志曾采访了数位商界成功人士，询问他们如何避免高强度工作的过度劳累，几乎所有人都提到了定期更新精力的方法。其中有一些人是这样描述的：哪怕他们一天只休息 30 分钟，也能让自己从紧张、焦虑的压力中放松下来，找回慢节奏状态。所以，优秀的人都是会休息的。

那么，如何真正地确立定期更新精力的原则？

我一开始并没有这个概念，直到 2018 年我因为《加速：从拖延到高效，过三倍速度人生》这本书接受中央人民广播电台的采访。当时记者对我说，几年前见到我的时候，觉得我是一个绷得很紧的人，但是在那一次的采访中，她发现我变得很放松了。

其实一个人可以很忙，但是百忙之中也可以看起来很轻松。这一紧一松就体现了一个人的“道”，也就是人的绝妙之处。

那么，我是如何从最早看起来很紧绷，转变到看起来很轻松的这种状态呢？

在本书的一开篇，我就写道，精力管理的学习要努力跟时间管理的学习紧密结合，精力管理是时间管理的基础。我在《人生效率手册》中讲过一种非常重要的时间管理方法，叫“单点突破法”，这是一个高效的人日常管理时间的重要方法。我曾说，这种方法可以用在你时间管理、工作管理、生活管理等一切领域，因为它本质上就是一个项目管理工具。

单点突破法是什么？

它包括首尾相接的四个步骤，第一步叫计划，第二步叫实施，第三步叫总结，第四步叫评估，之后连接的是再次计划，这就构成了一个完整的闭环。

想一下，计划—实施—总结—评估，到再次计划，这一套步骤其实就是定期更新精力的方法。一个人如果掌握了一条原则，就可以尝试把它用于多种场景当中。单点突破法不仅能用在“赢·效率手册”和“总结笔记”中，还能用于你的精力更新中。它是值得你学习掌握的方法，可以应用在很多场景中。

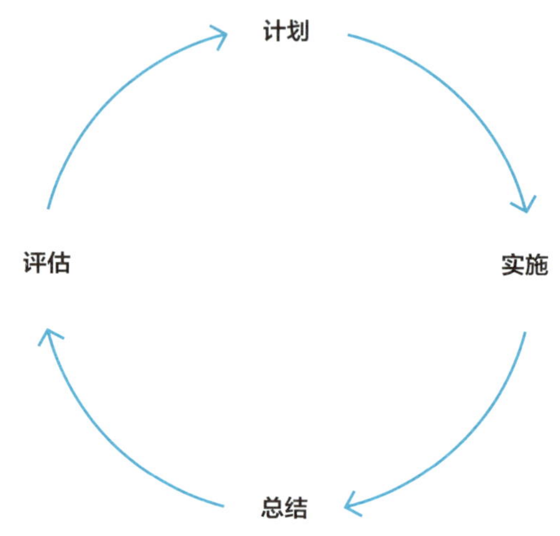

时间管理之"单点突破法"
出自张萌《人生效率手册》

第一步是计划，要确立你的原则。

每个人的精力更新都需要依照一套原则。切记不要完全复制他人。因为每个人的状态、目标和身体基础情况都不一样，别人的方法并没有 100% 的参考价值，你必须给自己确立一些原则。

比如，我给自己确立了一条叫"晚睡不早起"的原则。举个例子，今天晚上我要做直播或录节目，所以我 12 点以后才能睡，那么第二天早上我就一定不能太早起床。我可能会 6 点再起床，因为此刻我需要补充更多的精力。

每年我给企业家做咨询时，会问一些固定的问题，比如他们平时是如何休息的。有些答案很有趣，比如有人给自己定了一条叫“飞机上绝对不工作”的原则。刚开始时我特别不能理解，因为我在飞机上的创造力非常强，对我来说，如果在飞机上看电视或睡觉，简直太浪费时间了。两三个小时的飞行时间是我非常高效的一段工作时间，我有很多精力管理的文章和课程都是在飞机上完成初稿的。但是，对某些企业家来说，“飞机上绝对不工作”的原则其实适用于他们自己的实际情况，他们把短暂的休息放在了飞机上，一下飞机就开始忙碌了。

还有一些人规定了休息的原则，强迫自己一年留出很多假期。我曾经遇到一个企业家，他每个月要求自己休息 4 天，圣诞节需要休息 7 天，去滑雪或到温暖的地方度假。这种就是把休息定在日程安排中的原则。

我安排日程的一条原则就是运动优于工作。熟悉我的人都知道，我会不间断地运动打卡。我的原则就是，但凡我能控制的工作（比如开会、写文章等），优先级都要低于我的运动时间安排。也就是说，我总是要先安排运动，再安排工作。通过这条原则，你就能看出，我把运动健身这件事当作精力充电的法宝，它会穿插在我的工作之间，而且优于我的部分工作安排。很多人一直在问我，工作这么忙，哪有时间运动？其实是因为他们对运动的重视程度不同，决定他们到底有没有时间。

这就是设立原则。你不妨也学习一些别人设立原则的技巧。切记不要去做那些让你放松后再回到现实学习和工作状态时感到恐惧的事，这会让你对工作产生倦怠情绪，比如看电视连续剧、打游戏等。你要找到那种休息后能让你全神贯注、全力以赴投入工作和学习的方式。不妨把你想到的全部列在一张纸上，反复琢磨。

第二步是实施，严格按标准执行。

比如你制定好了"飞机上绝对不工作"的原则，就要严格执行。像我自己的"运动优先于可协调的工作"，就是让自己先运动，再做好工作。我会严格执行这条原则，并找学生们监督我，通过组成运动励志计划、在微信社群形成运动的环境等方式，接受大家的监督。除非碰到立刻要完成某项工作的特殊情况，我一般都在权限范围内调控我的工作状态，都是"先运动后工作"。如果你关注我的微博，经常可以看到我的运动照片。我只要不出差，基本上每天都会去健身。

第三步是反思，见证数据的力量。

什么叫反思？反思中有一项重要工作就是统计。举个例子，你可以设置 7 天为一个周期，你要把 7 天的工作状态、休息情况、精力状况进行统计，将休息和工作层面的事情分列，给自我表现打分。7 天结束时，可以看看你更新的精力管理方法是否有效。这个统计工作非常关键，我的习惯是每周做一次复盘，记录自己的精力管理方法和结果。这个统计的过程就是反思。

第四步是评估，帮助你做好下一次计划。

你可以根据你的统计结果形成自我评估，看看你定期更新的精力管理术是否有效。不要用多元化的组合，让自己每次测试的休息方式不超过两种，这会让你的评估更为准确。然后给自己的精力状况打分（0~10分），谈谈自己通过这两种方法，在精力管理上取得了什么样的效果，然后记录在“赢·效率手册”上。

在下一个7天中，你可以更新一种休息方法，并保持另外一种休息方式不变。7天结束时，在你的“赢·效率手册”上给自己打分，观察一下分数是否发生了变化。以此类推。

测试哪种休息能有效地帮助自己时，不要同时测试所有方法。

你要保证一种方法在变，另一种方法不变，这样的话，才能看出哪一种休息方式比较适合你。你的身体会告诉你答案，所以你需要一种模式把它测试出来。要用好反思和评估的工具帮你判断什么样的方法可以一直用下去。不适合你的，就要剔除。

比如很多女士感到劳累时喜欢逛街、买衣服，我尝试过这种方法，但说实话，我得不到任何放松，因为我天生不喜欢逛街。我还试过做SPA。但和打泰拳相比，做SPA的放松程度远远不够。你可以不断地反思和评估，帮助你完成复盘，找到适合自己的休息方式。

我想强调的是，当你完成了以上四个步骤后，接下来，我们又要重新回到第一步。我把这个叫作“再次进行调试”，也就是再次计划。

通过再次计划，你就完成了从计划、实施、反思、评估到再次制订新计划的完整闭环。

在整个过程当中，你不妨多留心一下周围。见到优秀的人就可以问问他们的休息方式是什么，如何更新精力。注意，要用别人听得懂的方式询问，向他们学习好的方法。你也可以把别人的小妙招记录下来，自己再去一一尝试。

本节复盘

本节讲述了单点突破法，即怎么在定期更新精力中运用计划、实施、总结、评估这四大步骤，共同构成综合循环体系，帮助我们制定精力更新的原则：第一步是制订有效的计划；第二步是按照标准去执行精力更新的原则；第三步是要善于反思；第四步是评估。每一个 7 天结束时，做反思评估工作。记得最后还要完成再次制订计划这一步来形成闭环。这也是我现在在高强度工作状态下，还能找到很放松、很自然的状态的原因。

“时间茧蛹”：强迫离开高速赛道

我在这一节要和大家分享如何强迫自己离开高速赛道。

精力管理，需要根据自己既定的情况做判断。

就好比上学的时候要提高学习成绩，哪一门学科的成绩是需要你提升的？很简单，只需要提升成绩不好的一门课就可以。如果成绩好，对那门学科的学习只需要继续保持即可。可是，面对精力管理这件事，很多人就犯怵了，经常会问我：我在哪些方面是需要提升的？同样的道理，精力不好的状态是需要提升的；对于精力好的状态，你只需要保持。

具体该怎么做？每一步对应了具体的方法和需要遵循的准则。

什么是人的高速赛道？就是你效率特别高、精力特别好的时段。在这个时候工作，你会完成很多复杂的任务。

与高速赛道相对应的是低谷期。要做精力管理，先要知道你自己精力的基本状况，对自己每天的波峰、波谷时刻要有评估，然后依据评估结果做事。

让我们先来重点研究一些精力不好的情况。

大家需要先复习一下前几节的内容。为自己绘制精力波点图，接着为自己打分。

该怎么打分呢?

你可以从早上醒来的时间开始做自我评估。比如我每天早上 4 点醒来，这个时候我一般评估自己精力值处于中等偏下，比最低值稍微好一点儿。刚睡醒时，我一般是蒙的。因此，在 4 点时，我给自己评 3 分。紧接着，我会在 5 点时对比一下自己 4 点时的状态，然后给自己打分。6 点时，再与自己 5 点时的状况做比较，评出新的分数。以此类推，把这些点连在一起，就可以绘出自己的精力波点图了。

一整天下来，你就会发现自己在什么时候处于精力的低点，什么时候处于精力的高点。你就会对自己的精力状况有基础的把握。

经过多年的评估，我发现自己的精力状况从早上起床后，六点左右到达波谷，然后 7 点的时候会达到顶峰，然后慢慢下降，直到八九点，这一般是我洗漱与吃早餐的时间，此时是我上午第二次精力值的最低谷。之后，我去上班，精力值又开始上升，11 点左右达到顶峰，然后又开始下降，12 点到下午 1 点的这段时间就属于我的低谷期了。下午 1 点后，我稍事休息，精力值又开始上升，一直到下午四五点又开始下降，五六点处于低谷。再往后又会上升，接着又是下降的过程。我的精力值波形曲线如下图所示。

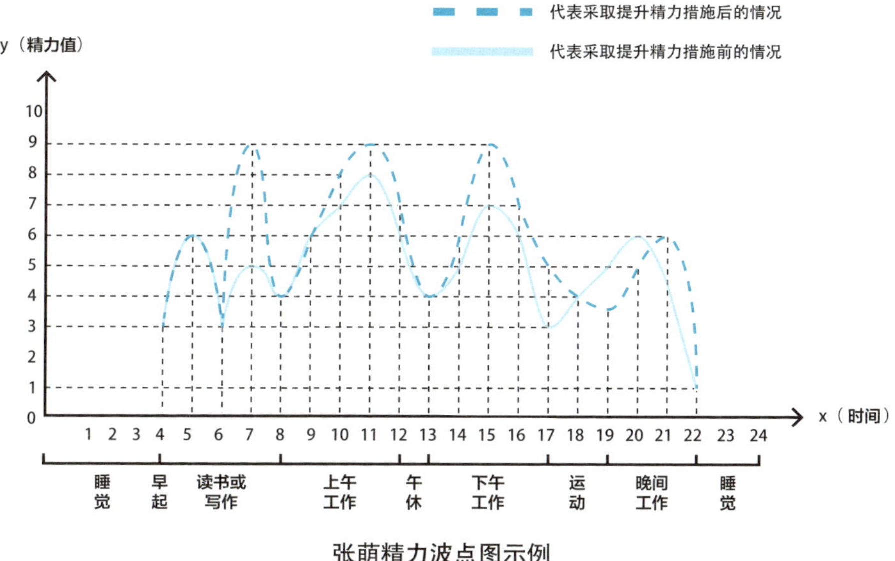

张萌精力波点图示例

但是要注意，这条波形曲线不是一天就能画成的。

一天中会有很多不确定性的要素，它们会对曲线产生干扰。为了画得精确，你至少要连着画一周。女性要避开生理期去画。

那么，针对每一个低谷区，应该怎么做？其实，在对的时间做对的事，就是睿智的选择。

要做选择，先要看精力的低谷都在哪些时段。对我来说，一般每天有 5 次低谷期。

第一次低谷期一般出现在6点，也是我起床之后两小时内；第二次低谷期一般出现在八九点，就是我早上学习之后。每天这个时候，我都处于头昏脑涨的状态中。第三次低谷期是每天中午吃饭后到下午1点。我一吃完饭，整个人就容易头昏脑涨，不知道你是否也有同样的问题。第四次低谷期是每天下午5~6点，因为工作了一天，我基本处于一种精疲力竭的状态。最后一次低谷期就是晚上睡前，我会感到很累，一般是晚上10~11点。

针对5次精力低谷期，我该如何帮助自己脱离高速赛道呢?

第一次低谷期，6点。此时我会通过喝第一杯咖啡和吃点心快速提升精力，在7点左右到达第一次精力波峰值。

第二次低谷期，八九点。此刻正是我走出早起学习、写作状态的时刻。感到疲惫后，我会迅速洗个澡，然后享受美妙的阳光早餐时刻。大概半个小时后，换好让我感觉舒适的衣服，喷上香水，穿上鞋，走出家门的那一刻，我瞬间缓解了焦虑和压力。其实我在这段时间里做的事情跟我当日的目标并没有关系，但是我会十分享受那一刻的悠闲与自在。

第三次低谷期，12点到下午1点。忙了一上午，我此刻会吃午餐。我在午餐时刻一般很少吃碳水化合物，而是以蔬菜、蛋白质含量比较高的食物为主（但碳水化合物的营养很重要，你可以通过其他时刻补充每日所需）。此外，我会迅速喝一杯咖啡，用Nap–A–Latte这样的方式助我下午恢复精力的顶峰。有条件的话，我会完成15~20分钟的小憩，为精力管理保驾护航。

第四次低谷期，下午 5 点左右。如果你关注我的微博，你就会看到我都是在此刻去运动的。这个时候的身体训练会带给我足够的精力去进行晚上的工作。

第五次低谷期，晚上 10 点左右，此时我将准备入睡。

你可以看到，我每天到精力低谷期时，并没有逼着自己继续工作。但参加我的培训班的很多学员都在精力低谷期继续强迫自己。我希望这个时候的你应该使用“时间茧蛹”的法则，强迫自己离开高速赛道，而不是再次逼自己一把。

如果你问，那我现在有艰巨的工作任务，我必须要逼自己一把，怎么办？你需要提升效率，在精力值高的时候，快速做完需要你完成的事情。这就是其中一种方法。人不能总是逼自己，这不符合可持续发展的规律。

除了不要逼自己，每周你都需要评估自己 7 天的精力。

我建议大家绘制自己的精力波点图，根据这幅图来判断你精力管理的走向，分析自己在什么时候拥有好状态。

参考精力波点图，你就会知道应该在什么时候安排什么事情。

我说过，精力管理是时间管理的前提。你的精力值的高点和低点才是决定你使用什么时间管理方法的关键。必须根据你的精力值把事情安排好，去完成不同角色的工作。

绘制四周的精力波点图，加起来就是一个月的精力状况，可以求得一幅完整的每月精力波点图。如果在月与月之间比较，你会发现，最好的精力管理是维持“精力波动”的稳定，而不是说这个月这样，下个月又那样，“波动”的稳定代表你节律的稳定。人体是一台精密的仪器，维持正常工作的前提是你能够保持稳定的节律。

要知道，按规律办事远比不按规律办事效果好。

在精力值低的时候，要强迫自己离开高速赛道，做一些适合你做的事。比如听音乐、喝咖啡、跟好友聊天、深呼吸、做瑜伽、冥想、小睡、运动放松，哪怕只是浏览网页，都能让你轻松回到精力值高的状态。

最后补充，每年我们需要做的是定期放空自己。

给自己找个假期，让自己完全处于归零的状态，让身体的状况真正被倾听和感知。其实，起初人体是能够倾听自身的，只不过后来外界干扰多了，比如手机、其他电子产品等，我们就慢慢地失去了对精力的掌控，这时很多意外状况就会发生。

本节复盘

强迫自己离开高速赛道，才能真正拥有高效的人生。第一，你需要为自己画一幅精力波点图；第二，让你的精力波点图稳定一年，也让节律系统稳定；第三，定向清空，真正靠身体去掌控你自己的好精力。这就是用“时间茧蛹”的方法来强迫自己离开高速赛道。希望这种方法能助你管理好自己的精力。

23

远离肾上腺素迷幻：杜绝压力成瘾

压力也是能让人上瘾的，它的危害不容小觑。面对压力，只有及时使用“快乐激素”来平衡，才能把工作转变为你自己的事业。我在这一节要和大家分享如何远离肾上腺素迷幻，杜绝压力成瘾。

首先需要了解肾上腺素是什么。

人体中有两种非常重要的激素，一个叫“压力激素”，另一个叫“快乐激素”。

快乐激素是一种神经传导素，它可以让人放松并产生快感。这种快乐确实有实际的来源。从生理的角度来说，快乐来自体内的一种血清素。比如，人们听了一首好听的歌，看了一幅好看的画，吃了好吃的食物，人体就会释放这种快乐激素。激素一旦被释放，你的心情就会放松下来，会感到快乐。它本质上属于“刹车型的激素”。

很多事物都是相辅相成的，也是相反相成的，与它对应的就是

“压力激素”了。

比如肾上腺素、去甲肾上腺素和皮质醇会创造出一种诱惑的冲动，就是人们所说的“肾上腺素迷幻”。它一般被称为“油门型的化学物质”，会促进你的血管收缩，血压升高，使人以警醒的状态应对紧张事件或重大挑战。

这两种物质对于人体都非常重要。

其实，它们是互相补充、共同作用构成平衡关系的。首先是心智平衡，然后是情绪平衡，最后是你行为决策上的平衡。

这个时代，人人都是创业者。但在创业的路上，你一定会遇到很多艰难的挑战。面对压力时，你的压力激素自然就产生了。于是你需要快乐激素来完成平衡。

既然创业会让你的压力激素不断增大，那你就必须去寻找快乐激素在哪里。我在前面讲过，创业就是做一件自己既喜欢又有价值的事情，“喜欢”二字，就是促进你快乐激素分泌的关键。

拿我自己来说，我做的是职场教育，“下班加油站”从创办至今已经进入第七年了。虽然我每天工作很忙，有时候会忍不住发脾气，情绪低落，创业路上其实有很多不可控的因素和风险，但我为什么会时时刻刻觉得这是我的事业，而不是我的职业呢？

是因为爱。

其实我的大多数学员属于同一类型的人，我称他们为“异类”。当其他人下班后都在娱乐休闲时，他们大多数会选择阅读、上课等。为促进自己提升，他们拼命地努力，不断地反思自我。同时，他们有利他之心，热爱分享，愿意把自己学到的内容无私地分享给别人，帮助他人进步。

每当节假日我给他们上课、陪伴他们成长的时候，我认为我就是在收获快乐。快乐其实非常简单，但又非常复杂。要找到这条通往自己内心深处的快乐之路，是要费一番心思的。

每个人终其一生都在寻找快乐，而事业的快乐是你获取快乐激素的源泉！

每当夜深人静时，我也会感到委屈，压力很大。但只要想想自己从事的事业，以及其产生的价值，我就释怀了。一天早上我在录节目时，收到了一条信息。我有一个学生是国企的管理层人员，她学习我的课程到现在已经400多天了。在这期间，她坚持早起，一天也没间断过，从过去的“懒癌”患者变成了超级勤奋的人。她把自己的改变写在了文章里，分享自己是如何通过早起，靠近自己的人生梦想的。她想投稿给我。她说，自己身边一直有人问她早起受谁影响，到底收获了什么？她告诉我，她想写一篇心得体会。我鼓励她在自己的微博发出这篇文章，把故事分享给更多的人，激励大家前行。

我们为何要寻求内心所爱？因为爱会决定我们能否坚持到底，决定我们以什么样的方式来面对压力和挑战。

如果我们做的事业源于爱，它就会是快乐激素的源泉。

但是，作为一个女性创业者，我不得不提一句，相比男性，女性由于生理结构不同，确实面临着分泌更多“压力激素”的可能性。

每年我们（立德领导力，LEAD）都会举办全球女性领导者峰会，在峰会上，最常被提及的一个问题就是：女性如何平衡家庭与事业。

相比男性，女性会面临几种特殊情况，比如经期、怀孕、分娩、更年期。以上时段的体内激素水平会变化，从而导致情绪变化。比如，月经会让女性在每个月有 1/4 的时间比男性面对更多“挑战”。

此外，女性还需要扮演好多重角色：好母亲、好妻子、好员工、好闺密、好合作伙伴等。当你扮演多重职场角色时，你也会面临更多压力和任务。

说到压力激素的分泌，为什么要说杜绝压力成瘾？压力又为什么会成瘾？

前文提到过，压力激素还有一个别称，叫作“油门型激素”。为什么叫油门型？因为它会引发带有诱惑的冲动，这也叫肾上腺素迷幻。

很多人在处于高强度工作状态时，慢慢地会失去一种“换挡减速”的能力。当压力变大、要求增多的时候，他们会拼命地逼自己，之后他们就会逐渐适应这种高速运作的状态。同时，他们也会本能地抗拒自我恢复，抗拒停下来休息，从而逐步陷入超速的怪圈，导致自己无法关闭引擎。这就是为什么受到肾上腺素迷幻会导致压力成瘾。

我的一些企业家客户经常告诉我，每天一工作就根本停不下来，即使休假的时候，没什么事需要操心了，可还是停不下来。因为停下工作会让他们产生一种罪恶感，关闭引擎就变成了最困难的事情。其实他们没有意识到，他们口中的无所事事，正是他们补充精力的绝佳途径。

还有一些朋友跟我说，面临这种压力成瘾时，他们发现自己的体能越来越差，越来越不能集中注意力去完成当下的任务，无论何时都不能做到全情投入。他们脑中只想赶紧结束这件事，好开始做下一件事。

有这样一种比喻——压力激素是互联网时代的可卡因，而过度工作是会让人成瘾的，越成功的人就越容易有这种问题。

你会发现，一个人压力成瘾的时候容易暴饮暴食，睡眠缺失，心烦气躁。长期压力大、自称"工作狂"的人更容易酗酒，感情更易受挫，更易患与压力成瘾相关的疾病，甚至是"过劳死"。这种情况有以下五个明显的诱因。

第一，没有正常休息和恢复时间，承受着超长时间的工作。

第二，过多的夜班模式。

第三，没有假期。

第四，处于高压环境中。

第五，持续处于高压环境中。

我们已经知道了压力激素的危害。那怎么样才能避免压力成瘾呢?

最重要的是为自己建立两套机制。

第一是长期的精力提升模式。你需要建立抵御机制，防止自己压力成瘾。

第二是给自己充足的间歇式休息时间。你需要做长期的精力管理规划和短期的精力补充方案。

比如在“耗电”比较严重时，我会为自己规划间歇式休息的方式，以及能够让自己长期提升精力的方式。

本节复盘

你可以从今天开始对自己做全面的复盘，检查一下自己所有的时间安排表，然后分析以下两点。
第一，做什么样的事情是使你消耗精力的。
第二，做什么样的事情是为你补偿精力的。比如欣赏一幅画作，有人会觉得这是精力补偿，会为此感到心情愉悦。
请把你所有的事情分成两类：什么可以补充精力，什么是消耗精力的。
然后我们会通过下一节的内容帮助你完成“填空”的工作。这样的话，你就可以建立两套机制，一个是长期精力补偿，另一个是短期的间歇性精力补偿，它们会共同助力你的精力提升。

24

超量补偿：认清自我极限值

我们小时候能力并不强，刚生下来时只会躺着，甚至不能翻身。之后我们逐渐学会了站立、走路，学会了跑。后来慢慢长大，我们可能还学会了骑车、游泳、滑冰。你可能有这样的经历，在小学时苦思冥想也解不出的数学题，到初中却迎刃而解了。

我初中时开始学习美声。从美声唱法角度讲，我是花腔女高音，音域比一般的女高音要高。可是我一开始训练的时候，一唱到降 B 调就自动破音了。我的老师是一位很有经验的声乐教师，她并没有让我继续攻克这根“难啃的骨头”，反而跟我说：“你不要再唱这个唱不过去的音了，咱们可以曲线实现，你试试看能不能唱出高两度的音？”一开始我很怀疑，低的音我都唱不过去，为什么反而让我唱高音，这不是难为我吗？但我发现，当我直接练习高音时，反而把低两度的音调问题解决了。

张萌在朝阳工商联新春活动的美声演唱

也许大家有过失恋的经历。当初失恋时觉得简直是件天崩地裂的事。回首往昔，看看十年前的自己，就会觉得自己当时很幼稚。当年看起来是人生的巨大痛苦，为什么现在觉得其实还是能承受的。

人其实很神奇，能力的增长发生在对极限的不断突破与挑战自我中。我在这一节中要与你分享超量补偿，以认清自我极限值。你会知道，不断地突破舒适圈是我们成长的必经之路。

先说说什么是超量补偿。

举个训练肌肉的例子。其实肌肉训练就是一个刺激肌肉的过程，刚开始你可能完全没有肌肉训练基础，我们为了训练它，会定时地刺激它，让它充血。休息后，再训练，再休息，再训练，循环往复，你的肌肉就会慢慢凸显。这其实就是一种超量补偿的概念。

定期恢复精力确实能够帮助我们全情投入地做好事情。但这里是有一个前提的——我们所承受的生活压力是不变的。如果生活带给你的压力增大了，或者要求你承担的角色变多了，比如你在做一个好妻子的同时，又要开始成为一个妈妈，那么该怎样从失衡中重新找到平衡呢？

请先想一下自己现在是否已经达到平衡状态了。之前我讲过，要遵守节律、保持一种平衡状态。但一旦我们的压力增大，开始超出自己的承受范围，那么我们该如何重新找回那种平衡，达到新的平衡，帮助自己全情投入，提升效率呢？

为了提升能力，我们确实需要系统性地增加压力，然后得到充分的休息。和训练肌肉是一个道理，这就是超量补偿。人的情感、思维、意志力等方面的能力也可以被看作“肌肉”，肌肉是有增长的空间的，但增长的前提是我们要勇敢地走出舒适区。

我认为，每个人都有三大区，一个就是刚才说到的舒适区，一个是学习区，还有一个我把它称作“焦虑区”。在一般情况下，人突然有一天受到刺激，很容易就开始感觉到焦虑，于是你就会慢慢地从舒适区走出来。到焦虑区后，你遇到了一位好教师引导你学习、训练，你因此可以重新进入学习区。学习到一定程度后，开始自满了，沾沾自喜地又进入了舒适区。人生就是在这三个分区中往复的过程。

人本身是抗拒走出舒适区的，总想维护一种所谓的恒定的平衡。

如果想要挑战这种平衡，身体系统就会发出警报，提醒你正在进入未知领域，它会本能地促使你返回安全地带。

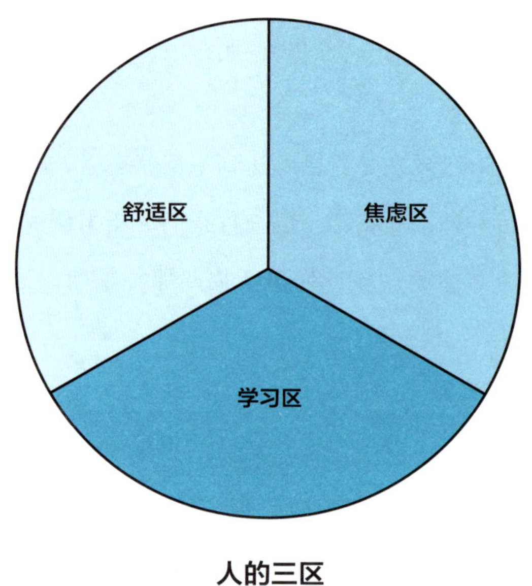

人的三区

你可以观察一个小孩。当他妈妈让他自己去哪里玩的时候，他并不是一下子就跑开了，而是在快要离开妈妈视野范围时，回头看看妈妈。如果这个时候妈妈给他一个肯定的信号：去吧！他就会跑开。但是如果这个时候妈妈给他一个非常危险的信号，他就会迅速地跑回来，这其实就是一个警报系统，也是一个督促他返回安全地带的信号。这种警报其实是很管用的，它是一种自我保护意识的体现。

但是，当你要塑造自己超极限能力的时候，比如想要塑造自己完美的肌肉，那确实需要冒着肌肉可能会受到损伤的危险。如果长期停留在你的正常舒适范围去使用肌肉的话，你的肌肉也不会有显著增长。

所以，拓展能力就需要你为了获得长期回报，接受短期的不适。

《心流》一书的作者米哈里·契克森米哈赖这样说过："最佳时刻，往往发生在一个人的身心为了达成艰难目标或完成有意义的事情而自愿达到极限的时候。"请注意"自愿达到极限的时候"这句，大多数人其实都有过这种体验——随着时间的变化，做一件事情的乐趣会逐渐减少。我们害怕改变，但只要自愿应对挑战，敢于革新，我们依旧能获得极大的满足感。所以有一些人始终是这样的挑战者和创新者。

不知道你是否有过这样一种感觉，本来过去做得很顺手也很舒适的事，自从开始学习，就觉得时间不够用了。于是你会想方设法、全方位地打开自己的能力认知，因此会不断地给自己增加更多的压力。

其实这就是从舒适区到焦虑区再进入学习区的自我突破状态，它是自我提升的必由趋势。要知道，这样的你是沿着一条向前的路在行进。是否愿意挑战自己走出舒适区，完全取决于你潜在的内心安全感。

有的时候，我们不管有多焦虑，多么希望自己完善不足、收获成长，我们也不会倾向于让自己做出不适的选择。

有一次我问泰拳教练，我最大的缺点是什么？他说，你最大的缺点是有时候很气人。我说，那我气人表现在什么方面？他说你每次来训练，别人都说会累坏了，结果你却说来这里是为了充电，说你自己是来休息和放松的。

其实我想说，运动虽然很辛苦，但我把它当作身体完成自我突破，从舒适区到学习区的必要方法。所以运动中的每一刻，我都把自己的心态调整成享受“辛苦”，而不像很多人一样是去承受“辛苦”。如果你感到自己是在承受的话，压力激素就会不断地被释放，快乐激素就会降低，那你就不能获得真正的快乐。

一旦去挑战一些人生的不确定性，我们就会开始选择储存现有的精力，利用有限的资源来进行自我保护。那么，这个时候的人们就会有一些防卫性的行为。

如果你想收获持续性的成长，远离故步自封，你首先要为自己做安全等级评估。我在自我突破之前，通常会先衡量一下自己的能力值，然后选择循序渐进的突破方式。

就拿减肥这件事来说，我在 2018 年减重 5 千克。很多人都觉得减肥很痛苦，因此要尽量在短时间内完成，比如在一个月内减 5 千克，之后的 11 个月内选择保持体重。但我不这样看，我用 12 个月减 5 千克，让自己的体重在不知不觉中降下来，这样我就不会有不适感。

还有我在开始早起的时候，也不是一下子就从 5 点调整到 4 点起床，而是每 21 天提早 5 分钟起床。用了不到一年的时间，我就把自己的生物钟成功地从 5 点调到了 4 点。从结果来说，我做到早起一小时了。但我并没有感到痛苦，我是在潜移默化的状态下完成的自我突破。

要根据你的目标，为自己创造新的节律系统。

如果你的目标就是提升自己，你就要刻意打破自己过去的节律系统，并且创造新的节律来实现精力的消耗和恢复。

如果精力的波动是一条直线，没有波峰和波谷的话，你也不会成长。有的时候，精力消耗会大于恢复，而有的时候恢复又大于消耗，这是一件非常正常的事。

当我们培养自己的情感思维和意志力时，原理跟你训练体力相同。你必须系统性地将自己置于超出惯性的压力中，并且在完成训练的同时，得到充分的恢复。

一个人要想拓展能力，确实需要为了获得长期回报而适应短期的不适性。我会在下一节讲重新启动一个人的身体，如何超出极限和定期修整，达到身体的平衡。

本节复盘

如果想突破自己的舒适区，你愿意付出什么？你是否真心情愿如此？你愿意用多久来实现自我突破？你最想突破的到底是什么？是你的意志力、思维，还是你对情感的承受能力，或是你的抗压性？把分析和结果写下来，也可以在我们组织的微信读书群里分享。

25

重启身体：构建系统性恢复能力

你是否遇到过这样一种情况——突然之间身体仿佛承受了巨大的压力，已经到了极限，快要承受不住了。

我和一位企业家朋友聊天时，他说自己的压力从未像现在这样大过：投资人帮不了他，员工不听话，市场效益不好，资源很少，竞争也越来越大。这时应该怎么做？我跟他说：“压力大，本质上是因为能力不够。能力不够，在某种程度上又是因为你还没有承受足够多的压力。”

他特别惊讶：我现在压力都已经这么大了，你为什么还说我没有足够强的承受能力呢？

我是这样看的：如果想得到能力的拓展，必须要承受超出极限的压力，但同时又要定期修整、恢复，这样才能两者兼备，收获成长。

我们身体的特质很好地说明了这个规律。

我小的时候特别调皮，骨折过两次。第一次是下楼梯，别的孩子都是一阶一阶地走下去，但是我偏要隔两个台阶跳着下。我有次在下楼梯的时候撞到了一个男生，然后我们就像滚雪球一样滚了下去，我的右脚脚踝当即骨折。第二次是疯狂骑自行车，在急转弯的时候有个小孩冲了过来，我特别怕撞到他，就急刹车，一停下来手直接触地，大拇指骨折了。这两次骨折的治疗，让我悟出了一个道理。

治疗骨折是这样的：医生会先给你的骨头复位，然后打石膏来保护。医生没有要求我一直戴着石膏静休，因为静止不动会导致肌肉萎缩，所以要正常地进行一些康复训练。

我当时心里很疑惑，难道骨折不需要安安静静地休息吗？但医生告诉我，我拆掉石膏开始复建的过程，就是一个人系统性地恢复能力的过程。

恢复能力的方式大同小异，都是让受伤的部位开始承受从轻到重的压力。你不能突然之间承受很大的压力，尤其在复健期间，否则会导致二次伤害。

与骨折的恢复一样，人想要收获成长，就要不断地突破自己承压的极限。

得到充足的恢复，你能够承压的极限就能不断地达到新的高度。我在创业过程中也不断地明白了这个道理，一个问题被解决，另一个问题就会出现。能力就在不断承受压力、释放压力中提升了。

很多年轻人都梦想着快点儿赚到人生中第一个100万元，但最难赚的也正是这第一个100万元。我在创业的第一年就特别痛苦，怎么努力都赚不到100万元，公司也面临巨大的危机。

后来，我向很多教师请教，自己一边实践，一边摸索，整理出了一套适合自己的方法。

我每年都有翻看“赢·效率手册”的习惯。当我翻开当年的“赢·效率手册”时，我看到了自己在2013年的时间分配。我发现自己在决策和时间分配上有很大的问题，我不能精准地把控时间，把最宝贵的时间放在了不重要的事情上。我不断地遭受重创，也坚持不懈地寻求方法，重新“搞定”自己。当我赚到人生的第一个100万元时，我特别兴奋，这一瞬间感觉自己的能力很强，于是能量满满。我总结出的方法论也帮助很多创业者赚到了他们梦想的100万元。

这之后赚到1 000万元甚至更多钱的速度就加快了，因为我已经具备了反思和重启的能力。想从压力中收获成长，积极的心态是很重要的。

一般人面对压力很容易抱怨，很容易觉得倒霉的事又到自己身上了。习惯这种思考方式的人不具备重启的能力。

请大家记住积极心态的三步法。

第一步，面对压力，先判断它是否超出你的极限。

以我自己为例，第一次跑10千米就超出了我的极限。过去上中学时，我最多跑过 8 千米，因此我觉得跑 10 千米简直是一件不可能完成的事情。于是我跟自己说，要调整心态，不要总是认为这不可能。后来我真的做到了。

我第一次连续长时间讲课时共讲了 21.5 个小时，从早上 9 点讲到第二天清晨 6 点半。那次学生们兴致高昂，我的状态也是满分。大部分的培训课程，老师一天只讲 6~8 个小时，他们都觉得连续讲十几个小时是不可能的，但这对我来说就是可能的，而且学生们也更喜欢听到完整、连续的知识讲解。

同样地，我的泰拳教练给我的训练强度比男生还大。正规的男子比赛是每打 3 分钟就休息 1 分钟，女子是每打 2 分钟就休息 1 分钟。但教练训练我时，让我连续打 3 分钟（男子比赛），只休息 20 秒（是他人休息时间的 1/3）。现在我已经适应了这种强度，还在不断地突破自己的极限。当然，如果你平时完全不锻炼的话，就要注意循序渐进，因为突然的超大运动量会引发身体不适。

所以，第一步要了解自己的极限，不断地超越极限，不断地重启身体，你的能力才会飞速上升。

第二步，塑造积极的心态。

一般人面对学习和工作的压力时觉得要崩溃了，就想放弃。其实，一个人无法超越自己的极限去变得更强，不是因为他们做不到，而是因为自己的心态有问题。面对压力，请你默念这句话：机会来了，压力会开启我的迭代成长，我要感谢这次机会！

第三步，完成定期修整计划。

在定期修整计划中，你需要快速康复、休息。比如生病的修养期，骨折后打着石膏的康复期，都属于定期休整。在这个休整期内，让自己的精力恢复大于消耗，才能助力康复。

给大家推荐三种定期修整的方式。

第一，能量限制。

当你完成超大负荷的消耗时，你身体的代谢会受到一些影响。人在摄入食物的时候是会消耗能量的，吃高热量、高蛋白的大鱼大肉其实是不太利于恢复的。你会发现，医生也不会建议在恢复期的病人这样吃。轻断食是一种不错的方法，我一个月会进行两次左右的轻断食。但每个人的具体状况不一样，你可以根据自己的情况酌情处理。

能量限制不是减肥，而是限制你总能量的摄入。目前很多人能量摄入过剩，这容易引发慢性疾病。能量限制指的是总能量摄入在平时的 1/4 左右。请避免吃高热量的东西，比如油炸食品、饮料、大鱼大肉。你可以吃水果、蔬菜，喝脱脂牛奶，它们是健康低能饮食。完全不吃饭会导致营养不良，患有相应疾病的人需要听从医嘱。同样，少年儿童也不要使用这种方法。

第二，请用度假或睡眠的方式来进行补偿。

这并不是要让你睡到自然醒，而是当你完成一个超量任务，需要重启身体的时候，最重要的是给自己的身体制造一个新的节律系统。比如设定好晚上几点睡，早上几点起，严格按照这种时间规律坚持21天，你就会创造一套新的节律。就像是有时候手机太不好用了，需要刷机，刷完机马上就好用了。在直面压力、突破极限后，在重启身体的过程中，要给自己创造一套新的节律系统。

第三，开始运动。

尝试养成一周3次、每次30分钟以上的运动习惯，运动会帮你打造属于自己的恢复系统。每次你重启身体，对于身体来说其实都是重建能量系统的过程。通过能量限制，降低能量的消耗；通过建立睡眠机制，建立人体的节律；通过运动增加人体的能量输入。这都是重启身体的过程。

本节复盘

记录和分享自己重启身体的方法。如果你要重启一次身体，可以思考几个问题：你会选择在什么时间重启？为什么选择在这个时间重启？要用什么样的方式？可能要承受的压力是什么？

第三部分
为意志力充电

第四章 情绪账户储值：活力充足的钥匙

26

精力储值：精力增值与快速消耗

你在生活中是否有过这样的经历？突然觉得阴霾笼罩，情绪状态很不好，本来排得满满的计划，因为情绪问题最终什么事都没有完成；或是遇到一些与自己话不投机的人，本应该一鼓作气干好的事，到最后因为赌气甚至没有办法开始。

这些描述是你熟悉的吗？其实我们的情绪会持续地受到外界的各种影响。你无法拒绝情绪的变化。但我们要思考一个根本性的问题：你的状态是不是被你的情绪左右？

这就是这一节要讲的——情绪账户的储值。通过这一节的学习，你会理解，为什么我们要用积极和正面的方式去对待周围的每一个人。

我曾经是一个很容易被情绪左右的人。2013 年我刚开始创业时，虽然我的员工都很喜欢我，但由于每天工作繁重，压力巨大，年终复盘时，他们在给领导的意见与建议一栏中写道：我们领导特别容易发火，如果她可以提升自己的情绪修炼能力，我们就会更喜欢她。

看完这样的评语，我既愤怒又痛苦。作为创业者，我为员工付出了这么多，为什么不能得到他们的理解？为什么他们就是办不到我们提前说定的事情？无数个“为什么”困扰着我。这些疑问一直萦绕在我脑海中。

我也经历过这样的一天：早上起来，外面阳光灿烂，我信心满满地要做很多事情，但自己的情绪说变就变，偶然经历一件不顺心的事情，我就像要炸裂的气球。当时的我认为人不能委屈自己，因此我从不控制怒火，有怒火一定要发出来，这才叫释放压力。

我不知道在遇到这种情况时，你是否会选择用极端的情绪向周围抗议。可是，让自己的情绪肆意释放又能怎样？没有任何意义。

慢慢地，我像泄了气的皮球一样。尤其是我哭到最后连哭的力气都没有了。结果，这一整天，我什么事情都没做成。

这都是我的亲身经历。后来，因为自己的情绪管理能力不强，2016 年，我被查出身体里有多个甲状腺结节。当我躺在穿刺手术的手术台上时，我开始思考一个关键的问题——我将以什么样的方式度过这一生？

我一直有复盘的习惯，每天写“总结笔记”。后来因为学生太多，我的笔记也被开发成文创产品，每年有几十万人使用。

在“复盘笔记”中，有一条是：为什么你没有做完计划中的事？

当时，我经过一个月的统计，发现大多数我没有做完的事情，不是因为我能力不行或效率低下，而是因为我在开始之前遇到了不开心的事，情绪突然爆发，之后就完全没有力气开始做事了，导致这件事被拖延，或者我压根就不做了。**我发现，90% 以上的事情都是因为情绪失控而导致的效率低下。**

面对这个统计结果，我认定，要想创业成功，必须要先解决自己的情绪管理问题。要做自己情绪的主人，主导自己的情绪变化，给自己积极、正面的影响。

其实解决情绪问题就是为情绪账户储值。

每个人都有一个情绪管理的账户，里面存储了各种各样的“情绪恢复资源”。

什么是“情绪恢复资源”？

“情绪恢复”本质上是一种资源，通过调用这种资源，我们可以快速地从负面情绪中恢复到正常状态。从精力管理的角度来讲，负面情绪代价过高，不但会让我们效率低下，还会迅速消耗我们的精力储备。

那我们什么时候使用它呢？

当你有负面情绪的时候，停下来想一想：我今天还要完成这个目标。所以你会迅速调用你的“情绪恢复资源”，把负面情绪转为正面的思考，最后收获正面情绪。你的最终目标是通过情绪管理，让自己全情投入，追求心流时刻。

如何通过调动情绪来为我们的目标服务？

无非就是两种选择。第一种是做情绪的主人。这种人能随意调动“情绪恢复资源”，将所有的负面情绪转成正面情绪，到最后为要实现的目标服务。另外一种就是做情绪的奴隶，情绪不好的时候干脆什么事都不做。我们当然是想做情绪的主人，但是情绪并不容易被驯服。

情绪管理可以由二维象限画出：X 轴是情绪，情绪有正面的和负面的；Y 轴表示压力，压力有大有小。

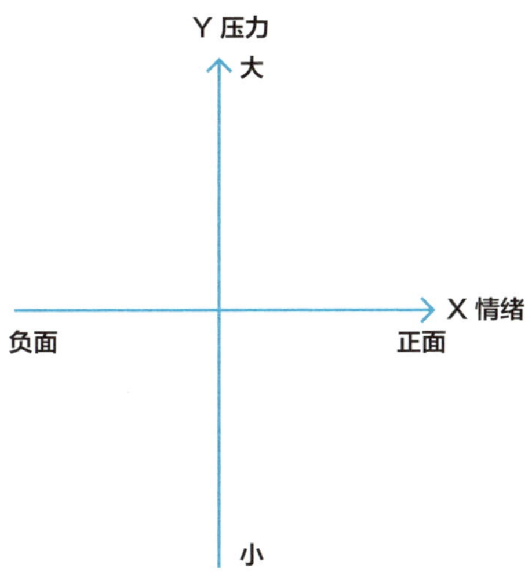

情绪管理之情绪与压力关系图

压力小的时候，情绪比较好调控，这个时候的我们不太容易产生负面情绪，除非你是一个多愁善感的人。压力大的时候，就特别容易产生负面情绪，比如愤怒、恐惧、沮丧、低落。我多次讲过压力，它本质上带来的是压力激素，压力激素在人体当中会导致压力皮质醇的增加，让人产生负面的情绪。

面对负面的情绪，你需要将压力转化为动力。那怎么做呢？

其实，将压力转换为动力的唯一方式，就是获得正面情绪，和负面情绪相对应的正面情绪包括敢于冒险和拥抱机遇。

我们无法改变外界，但我们可以改变我们内在的认知方式。

每当面对压力与挑战，你要提醒自己，挑战要开始了，这又是一次锻炼自己、提升自己的机会。慢慢地，负面情绪的蔓延就会被终止。

我们（LEAD）每年都会举办“又忙又美励志女性人物”选拔赛，选出那些愿意帮助他人实现梦想的女性人物代表。参赛选手包括家庭主妇、职场新人、大学生，当然，也有创业者、企业管理者、国企员工、公务员等。她们当中的很多人最早都觉得比赛是一种压力，迟迟不敢报名。举办第三届比赛时，敢于报名的选手变多了，因为她们对压力的认知发生了变化。她们发现，其实她们不用回避压力，因为这是一次自我提升与展示的机会。事实上也是如此，参加比赛就是一个向他人学习、不断历练自我的过程。这几年，我也见证了很多女性由此成长、成熟。

寻找人生的第一台阶是一项很重要的能力。

要把压力、恐惧、沮丧、愤怒和胆怯转化为迎接挑战、热爱冒险、享受机遇的心态，这就是刚才我所说的把负面情绪变成正面情绪，其中涉及的能力叫作调用“情绪恢复资源”。

像我刚才描述自己特别不开心的时候，那种状态下的自己就好像是一辆高油耗的汽车。尤其对于领导者、管理者，还有每一天又忙又要美（帅）的你来说，这不仅会降低一个人的工作能力，还极易将负面情绪传染给他人，激起周围人们的恐惧、愤怒和戒备心，所以是双倍的危险。

要知道，长期被负面情绪困扰，还会导致一系列的生理紊乱。

如果积极地把负面情绪转为正面情绪，就可以更有效地提升你的个人表现，对于团队也有积极的影响。

有调查公司发现，员工和顶头上司之间的关系，比如感受到来自上级的关心、获得他们的认可和表扬、在工作环境中有人不断地鼓励他们进步，这些正面导向的情绪比其他因素更能决定员工的效率，能够激发员工的工作动力和创造力。

我做过一个企业家的咨询案例。他作为公司的高级副总裁，最开始的工作动力是老板的信任与支持。有了老板的关心和支持之后，他实现自我价值的自信心就越来越强，对他人也越来越友好。但后来他的老板越来越忙，对他的关心和支持也变少了，他对工作的幸福感和安全感就完全消失了，自信也减弱了，最终影响了个人表现。成功就是滚雪球，一次成功可以带动多次成功，而且会再次激发正面情绪，这是一个良性循环。**也就是说，保持正面的沟通，就是有效管理的核心。**

回想一下，你经常对身边的人施加的是正面情绪还是负面情绪？如果你经常给身边最爱的人施加负面情绪的话，他就会感受到压力，慢慢地开始不自信，这也会影响他的压力调控能力，进入恶性循环。

所以我们要知道，情绪管理能力是双向的，情绪储值账户的价值也是双向的。一种方式就是你如何对待别人；另外一种方式就是当别人对待你的方式没有达到你的预期时，你应该怎么做。这也就是我们会努力将自己的情绪储值账户增值的原因。

在下一节中，我将讲述如何变换频道去增加你的正面情绪，以及收获正面情绪的方式。其实，万事都有方法，我希望通过这一节的讲述，使你对你自己的情绪储值账户有基本的概念，管理好你的账户，学会调用“情绪恢复资源”，能够将压力带来的负面情绪转化为正面情绪，同时给身边的人带来温暖。要把自己活成一束光，在照亮他人的时候温暖自己。

本节复盘

用“总结笔记”的方法记录自己的情绪，找到原因，开始情绪管理的第一步。

27

变换频道术：获得正面情感的法门

我在上一节讲过，人有的时候需要掌控一种资源，叫“情绪恢复资源”。它指的是当你感受到压力、变得沮丧的时候，只有调配了“情绪恢复资源”，才能有效地弥补快速流失的精力。因为积极情感的获取，包括优秀情绪本身，都会给你增加精力。我在这一节将为大家讲述获得正面情感的法门。

如果你想有效地增加一个人的情感精力，需要思考一些问题：过去的生活对你来说，更多的是失望还是满足？是拥有喜悦还是感到烦闷？如果你想在情绪账户中拥有情绪恢复的能力，思考这些问题是一个很重要的切入点。

为什么重要？

因为顺着这个思路，你可以思考，你会不会每周主动拿出几个小时，去做那些有趣且令人放松的事？你会把这些令人放松的事情看作很重要的工作，将它们排入你的日程中，全情投入地做好吗？还是说只有没什么事可做的时候，你才会去做那些让你放松的事？

我问过一个女学员：你更看重家庭还是工作？她说是家庭。于是我接着问：你对家庭的贡献值，0~10 分，给自己打几分？她说只给自己打 2~3 分。我问她：你认为你的伴侣会给你打几分？她说估计也会只给她打 3 分。最后的调查结果是，她的伴侣只给她打了 1 分，伴侣觉得她在很多方面都做得不够好。虽然她人在家里，但心没在。尽管她放弃了去外面工作，选择了家庭，但她和她的伴侣对她为家庭贡献度的满意值却并不理想。

后来，她告诉我，其实她每天无论是在工作中还是在家中，都无法获得正面情绪，她的情绪会被消耗得很快。她是一个精力“电池电量”非常不充足的人。

如何获得正面情绪来让自己的每一天都有幸福感和满足感？拥有情绪恢复的能力是一项重要能力。所有能给你带来幸福感、满足感和安全感的活动，都能够激发你的正面情绪。

现在就请思考一下你自己的生活，你能否列出让你感觉到满足、有趣和放松的事情？

以我自己为例，我的生活中有八个可以给我带来超强满足感的时刻，分享给你作为参考。

第一，练泰拳。

我每周会练 3~5 次泰拳。泰拳是一项非常激烈的运动，我每次至少练习 90 分钟。这期间我很少有闲暇去思考工作问题，我会完全沉浸在当下时刻，专注思考跟教练对打过程中的技法。因为我一旦分心走神，就一定会挨打！这是我在获得正面情绪中选择的第一项运动。运动能使我放松和满足，这是一项神圣的“工作”。

第二，享受 SPA。

做 SPA 的时候，我一般都会睡着。虽然我做的频次不多，但在我需要深度放松时，SPA 是能给我带来能量的。带有香薰的 SPA 能够帮助我恢复。

第三，周末美术课。

每个周末我都会雷打不动地去上美术课，画画也会让我享受当下。这是我小时候妈妈帮我养成的习惯。当时她每周末都要上英语培训班，担心我在家无聊，就租了一间教室，请美术老师教我画画。有趣的是，她英语班的同学都把自己的孩子送到了美术班，以至于这个美术班后来的招生情况比英语班还好。

我在六七岁就养成了画画的习惯，我的美术作品也获得过省级奖项。现在我找了专业的美术老师辅导，每次 3 小时。我让自己沉浸在绘画中，进入心流时刻，只思考我该用什么色彩表达情感，要学习哪种画风。尤其是在模仿大师的画作时，我会琢磨，他为什么能画得这么精致？他画画时的心境又是什么？这样的用色是出于什么考虑？琢磨这些问题会带给我快乐。

第四，享受听音乐的时刻。

准备好自己的歌单，音乐会让我有好心情。

第五，享受阅读的时刻。

对我来说，阅读是一件让自己开心的事。我一年会读 300 本左右的书。我的书房里到处都是书，只要腾出几个小时（或是早起），我就会去阅读。按照我的习惯，早起就是用来写作和阅读的。

阅读时，我感到很幸福。与一位思想深邃的智者通过文字对话，得到灵感与启迪，这是阅读带给我的喜悦。

第六，享受电影时光。

我是电影重度爱好者。一般出差选酒店，我会选附近有电影院的酒店。看电影能让我进入情节，体会人物的喜怒哀乐。但这也有一定的负面影响，有时候看完悲情电影，会影响我的心情。所以我会精心挑选要看的电影，确保它能够调动我的积极情绪。

第七，享受友谊。

我认为，和好朋友在一起聊天是一种心理放松按摩。约上三五好友，哪怕只是喝杯咖啡，聊聊彼此的近况，我都会觉得很快乐。好友的关心是一种滋养。

第八，享受美食。

我是热爱美食的金牛座，我会隔三岔五地约上朋友一起享受品尝美食的快乐。

以上八个习惯就是我的满足时刻。

我会把它们整理到一份列表当中。在需要休息的时候，我会优先在这份列表当中，根据当时的状态和现实条件，选择适合自己的方式补充“情绪恢复资源”。

但是，这八大时刻不一定适用于每一种你想放松的场景。比如我讲课非常密集的时候，我就会选择静的方式，而不是跟朋友聊天；生理期时不适合剧烈运动，我也会避开泰拳的训练方式。

另外，还要考虑两方面：第一，做其中任何一件事都需要投入时间。比如，这段时间我只做这件事，而不做任何其他的事情。第二，这件事一旦出现在我的日程表中，就不可随意修改。我会把它排到需要我足够重视的程度。

为什么要重视？安排这些活动不光是为你带来快乐，它还有很多人都容易忽视的重要功能——**快乐其实是使你维持最佳表现、让你情绪恢复的重要资源。**如果你不能收获快乐，你在本质上就没有办法恢复情绪。

所以，在列举活动时，你要注意几个要点。

第一，情绪再生的深度。做这些活动需要多久才能让你的情绪恢复，它的深度如何。

第二，当下的身心状态是否支持这项活动。比如，跟朋友见面是一个需要说话的时刻，这可能就不太适合我在讲完课后做。

第三，你需要评估这些活动，它包括三方面的评估：首先，是不是有吸引力？比如，跟朋友见面、听好听的音乐是否足够吸引我？其次，不能只列出一个选项，每个人都要列出多项。你有了足够多的选项，才能权衡利弊，进行选择。最后，足够生动。这件事不是一件死气沉沉的事，它需要你参与，也会不断地增强你的恢复力，为你的精力储备打好基础。

此外，看电视或玩游戏有时并不是一个好的选择。

心理学家米哈里·契克森米哈赖提出，长时间看电视会导致焦虑增长和轻度抑郁。有时候电视、游戏和电影一样，如果其中的情绪比较悲凉，还会增加你的正面情绪资源的消耗，反而对你的精力的恢复不利。我们需要有效的“情绪恢复资源”，它能够使我们表现得更高效。在压力之下，情绪再生的作用特别明显。

现在，不妨把八个满足时刻都列出来，获取拥有正面情绪的法门。

本节复盘

快乐是维持你最佳表现、让你情绪恢复的重要资源。如果你不能收获快乐，你本质上就没有办法使情绪恢复。拥有“情绪恢复资源”的能力是一项重要能力。所有能给你带来享受、满足和安全感的活动，都能够激发一个人的正面情感。可以思考一下自己的生活，列出让你感觉到满足、有趣和放松的事情。列出这些事情后，再来进行分析评估，并不断测试，直到找出适合自己的恢复方式。

28

完美人际关系术：精力再生的关键

我在“能量金三角”一节讲过能量管理的模型，它包括能量输入、能量输出和能量守恒。做好这三件事，人的精力管理就可以得到保障。

但精力管理还由很多细小的部分组成，包括之前讲过的体能、正确的休息、正面情绪，以及后面要讲的思维、反复铭刻术和精力蓝图，这些都是和精力管理密切相关的技能。

人的情绪和情感，本质上也有一套三角体系，我把它称为“情绪金三角”。

什么叫作“情绪金三角”？

你不妨画出一个三角形，它分为三大部分，包括情绪的输入、输出，以及情绪的守恒。我们要努力实现情绪守恒，让你情绪账户里的余额始终保持稳定、持续地增长。

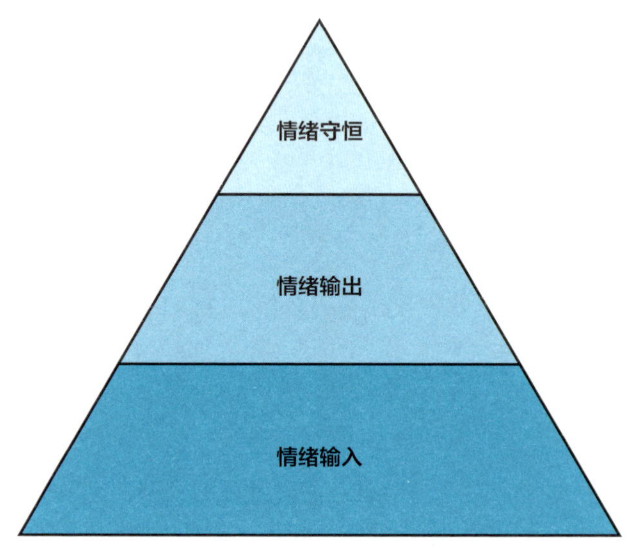

张萌“情绪金三角”模型

为什么要保持情绪守恒？

大家都知道，我们会有情绪精力的消耗和恢复这样的动态平衡。但是情绪上要维持动态平衡的难度，远高于体能上的动态平衡。因为你可以控制身体，保持安静就不会过快地消耗体能了。但大多时候，你的情绪是很难控制的，所以情绪管理的难度更大。

仔细观察“情绪金三角”模型，你就会发现，其实它对于个体的表现是非常重要的。因为一个人的外在表现、工作效率，包括能否持续专注、精力状态的保持，其实都受当下情绪的影响。

那么，如何把握“情绪金三角”？要知道，拥有良好的人际关系是情绪再生的关键，也是情绪守恒的关键，还是精力再生的关键。

如何拥有完美的人际关系？

一、全面地、系统性地回顾和梳理自己扮演的所有角色

角色梳理法：把你自己在不同环境中扮演的所有角色都列举出来。比如，一个人可以同时是伴侣、家长、子女、上司、员工、朋友、老师、学生等。

二、列出特定场景

由于单列出角色可能会有遗漏，因此，请列出属于你的场景，针对这些场景，找到容易被遗忘的角色。

比如，我是个老师，但有时候我也是别人的学生，周末休息时我也会上各种培训班；对健身教练来说，我是他的学员；还有一些特定的协会组织，比如，我在北京工商联担任执委，在朝阳工商联担任商会副会长，我也是一些高校的创业导师。这些都是我在特定场景下的角色属性，它不是一个常规角色。

三、给人际关系按接触频率排序

按照你们相处的时长，评判特定的人际关系对你的重要性及价值。

比如，你和某人相处的时间有多长，见面频率有多高。按照这样的时长、见面频率进行排序。

四、按照排序的结果，用适当的精力维护对应的人际关系

比如，你越常见到的人，越能经常建立联系的人，就越要维护好

和他们之间的关系。你至少要与一个能长久给你带来情感回馈的人建立联系。比如，在工作场景中，有同事是你的好朋友，或者合作伙伴中有你聊得来的人，跟他们交往你会感到愉快，这会让你在工作中维持好的心情。

要拥有一些稳固的关系，比如你和父母、伴侣之间的关系。尽量把他们变成你的铁杆支持者。其实，你是否能够真正地珍视他人，并被他人同等地珍视，关键在于你是否能够拥有稳固的人际关系。这首先取决于你的付出与回报，其次就是你真诚的倾诉和倾听。

五、建立几套原则

第一，两者间的人际关系是由感觉距离较远的一方决定的。

比如，你有一个朋友，你自认为你与他是好朋友，但对方觉得他和你之间的关系很普通，那你们之间到底是什么关系？

在我看来，你们之间的关系很一般，算不上好朋友。因为两个人之间关系的远近是由感觉距离较远的一方决定的。有时候，我们会错误地以为我们认定的关系就是正确的。正因为这样错误的认知，才会产生人际关系的认知偏差。

第二，平衡付出和回报的关系。

你如果总付出而没有获得回报，你的落差感就会比较强。这时候就会影响你的情绪精力。所以，你要特别注意付出与回报之间的关系，想想你是如何平衡的。

第三，利他之心。

很多人都会以自我为中心。如何拥有利他之心？你跟他人处理不好关系，到底是你自己的原因，还是对方的原因？能不能从自己身上找到问题，替他人多考虑？

第四，挤出时间，用智慧的方式解决问题。

我有一位特别厉害的好朋友，她是企业合伙人，平时特别忙。而她先生喜欢聚会，有时候就喜欢让她一起去参加应酬，她当然是没有时间参加的。于是她想到一个聪明的办法。她对她先生说，你看我也不能喝酒，在酒桌上会尴尬。你看这样好不好？你喝完酒，我去接你。她的先生欣然接受，老婆来接，自然有面子。她先生骄傲地在聚会上说，他的老婆是女强人，还愿意抽出时间开车来接他回家。你看，我那位朋友的智慧，让她只花费了接送她先生的这一小段时间，但带给了伴侣极大的满足感，真正地维护好了这段关系。有的时候，你可以分析，什么事情是自己必须要做的，然后去做那些“自己不可被替代的事情”。尽量把那些“所有人都能做，不是非要你做才行”的事交给他人来做，也是让你拥有可控时间的明智之举。你的时间是很宝贵的，能挤出时间需要智慧，更需要你在想通后做出抉择。

第五，维护好社会资本。

好的人际关系在本质上也是一种资本。既然是一种资本，它就有变现的能力。那如何把自己的人际关系维护好？

我在《人生效率手册》中讲述了社会资本该怎样维护，包括如何管理你的人际关系；如何善用 10/20/150 人原则，把所有人进行分类化管理；人际关系管理要有四大行动方法；以及如何通过人际关系拥有正向情感连接。10/20/150 人分别指的是，每个人应该维护好在生命中最重要的 180 个人。“10”指的是你的至亲至爱；“20”是与你今年个人成长目标最为相关的 20 个人；“150”是 20 个人的候选人。我们平时不需要维护好与所有人的关系，但这 180 个人一定要细心维护。

现在，既然了解了一个人的情绪能力和“情绪金三角”的关系，那么就需要我们在情绪守恒上多下功夫。不能光有情绪的输入，还应该有有效的输出，且不能使其消耗得过快。我们的最终目标是完成情绪守恒，这样才能为你自己的精力再生做好保障。

本节复盘

你在工作和生活中扮演的角色是什么？你在每个角色中是否都管理好了自己的角色？ 0~10 分，你给自己打几分？

29

情感账户仪式感：定期为精力充电

我在前几节讲述了正面情感和良好的人际关系的维护方法，但有时候，即使我们定期更新情绪精力，也不得不去应对那些超出我们情绪管理范围的突发事件。如果我们的身体平时不主动超越极限的话，那么我们的负重能力只能停留在有限的水平。

所以，我们需要不断地扩容情绪账户。我在这节要讲的就是如何用情绪账户定期为你的精力“充电”。

情绪账户和体能账户一样，如果不经常锻炼情绪这块“肌肉”，它就会萎缩。如果你不停地锻炼、使用它，它就会离开舒适区，实现情绪账户的扩容。换句话说，整个账户的体量会增大，虽然精力也会被消耗，但经过一定的休整期来恢复，此刻它的容量已经变化了。

很多时候，当你无力做事，心力交瘁，无法管控情绪，遇到超越极限的事情需要处理时，你的第一感觉是，该如何定期为你的精力

“充电”？如何让你的情绪账户增加容量？

我的情绪账户扩容的方法是：建立仪式感。仪式感在生活中占有重要的位置。注重仪式感的人更注重生活的细节，也更容易被他人尊重。我自己就是一个重视仪式感的人。

为什么我要这么强调仪式感？因为当我们把一件事变成生活中的仪式时，它一定会反复发生。

重复，就是塑造习惯的力量。对于身体来说，当它感受到“重复”这种节奏时，就会熟悉重复所带来的感觉。就像你去健身房训练肌肉，一直去锻炼那块特定的肌肉，最后那块肌肉自然就会比较发达。

仪式感的建立过程，就是锻炼情绪能力的过程，与锻炼肌肉的过程是同样的原理。

每当我想突破情绪账户的容量时，我一定会从以下几方面入手，建立一套仪式系统。

第一步，定位“目标肌肉”。

这里说的“目标肌肉”指的是“情绪肌肉”，比如自信心、共情能力、耐心等，这些能力都是你要训练的目标情绪。你可以反观自身，看看自己在哪些方面有不足之处，短板“藏”在哪里，要把它们都修好。接着你的情绪账户才能被扩容，这是一个很多人都不知道但相当简单的道理。

第二步，分析表现障碍。

比如你缺乏自信心，那么这种不自信的表现是什么？可能是你缺乏安全感，经常会感到自卑，这是你的表现障碍。一个缺乏共情能力的人的表现障碍通常是没有倾听的习惯和意识，他们做事急躁，常以自我为中心。

第三步，设定期望成果。

所谓期望成果，就是通过仪式感的建立、对“情绪肌肉”的锻炼，最终实现自我的改变。比如，缺乏自信的人希望能够勇敢地走上舞台，或者希望能够完成客户的订单；缺乏共情能力的人希望能交到一个推心置腹的好友；缺乏耐心的人希望有更积极的人际关系……这就是期望的成果。

在这三个步骤中，定位“目标肌肉”、分析表现障碍和设定期望成果是三位一体且互相关联的，所以要把它们纳入整体考虑范围内。

第四步，建立“仪式习惯”。

建立一套“仪式习惯”也有相应的方法论。它包括两大部分。

第一，设定仪式频率。

比如每天、每周、每个月，这里的“每”代表的就是频率。然后就是做什么样的事，比如每天早起是一项仪式，或者每天与同事沟通 3 分钟是一项仪式，每天听孩子说话 2 分钟也是一项仪式，这叫作“在一定频率之下做什么样的事情”。这些内容都是你需要提前设定好的。

第二，补齐相应短板。

具体设置“在仪式时间学习什么样的内容”，你应该实行“缺什么补什么”的策略。比如身体缺少肌肉，那么除了训练，还需要补充优质蛋白质；如果缺乏相应的情绪能力，就要学习情绪管理知识。

比如，在“张萌萌姐好口才训练营”中，有一位缺乏自信的学生。他告诉我他在公司从不敢发言，担心一说话就被同事嘲笑，这导致他甚至在工作中也羞于沟通。而他自己又负责销售工作，很多时候只能是硬着头皮做，但他完全不具备别的销售人员说话时的自信。后来，通过学习我的课程，不到两周，他就兴奋地跑过来告诉我说他“终于做成了第一单”。我也很为他开心。那么我们来拆解一下在这个案例中，要想建立情绪账户的仪式感应该怎么做。

第一步，定位“目标肌肉”，比如希望训练自信。

第二步，分析表现障碍，比如表现障碍就是没有口才自信，极度自卑。

第三步，设定期望成果。他想实现的是拓展业务，成为一个合格的销售人员。

针对这样的情况，我为他量身定制了一套习惯仪式。

我每天会在微信公众号“张萌萌姐”中播一段 60 秒的语音，这里面的话都是我随口说的，但我会精准地把控自己在 60 秒准时把话说完。

我给这个学员的建议是让他每天跟着我训练 60 秒语音。他每天会把语音内容打成文字，刚开始朗读时，效果非常不好，他训练了很久也做不到在 60 秒内把这些话说完。

但他没有放弃，慢慢地锻炼自己语言的流畅度，对语义和断句的把握也逐渐加深了。刚开始，他要耗时整整 30 分钟才能准确地说完 60 秒。后来他把语音录了下来，还在我们的微信班级社群中传播，音频效果非常好。

他一直坚持练习，短短一个月，他就把 30 分钟的耗时缩短到了 3 分钟。有时他甚至只录制一条就能直接通过。他后来告诉我，他现在一看到文字就有想读的冲动，有时甚至没有文字稿就有了说的感觉，整个人的状态跟之前完全不同了。

我给他的第二个建议就是缺什么学什么。他缺乏演讲能力，后来他参加了我的线下课程，系统地学习了公共演讲方面的专业知识，把它用在销售实践中，自信心越来越强。

后来每到他们公司组织演讲比赛时，他总要第一个报名，他认为这样的演讲比赛能使他得到锻炼。没过多久，他就包揽了单位所有活动的主持人工作，老板也慢慢关注了他。同时，他在课程学习过程中交了很多朋友，有些人甚至变成了他的客户。

后来他骄傲地告诉我，他一个月就能达成 100 万元的业绩。看到他的进步，我也非常开心。

再举一个宝妈成功实践的案例。

在学习我的时间管理课程中，有一位“宝妈”找到我，说她对教育孩子这件事没有自信。她发现自己无法和孩子沟通，无论她说什么，孩子都觉得她不对，两人矛盾很大，她因此感到非常烦躁和苦恼。

在我看来，她缺乏的是和孩子之间真正的共情，实际上，她没有真正倾听孩子所说的话。

在这种情况下，她的情绪账户仪式应该怎么设立？

第一步，设定“目标肌肉”，是共情的能力。

第二步，分析表现障碍，是她缺乏倾听的能力，没有正确地理解他人。其实不仅是和孩子之间，她和周围的同事、其他家庭成员之间都存在这个问题。

第三步，设定期望成果，即获得良好的亲子关系。

那么，针对这样一种“仪式习惯”，我帮她建立了两步法。

第一，设定习惯频率。

每天都要跟孩子有共同相处的时刻，比如半个小时。这时她要主动听孩子说话，然后要刻意用表扬的方式来表达对孩子的肯定。这时千万不能说“我不同意”，反而要说“我认为我明白你的意思”，同时用点头、倾听、身体向前的积极互动方式来表达对对方的认同。

第二，补齐短板。

我建议她和孩子一起来我的线下课程，听完课之后，她们在“赢·效率手册”上写下自己每天的计划，然后第二天早上完成复盘，共同分享。通过建立这样一种仪式感，她成功地让女儿理解了她的工作；同时通过了解女儿听课的状态，她发现自己的孩子非常优秀，有独立的思想。母女之间通过“赢·效率手册”的书写与分享，关系更加亲密了。

情绪账户是需要“仪式习惯”来建立的，如果你的容量不行就需要扩容。再强调一下扩容四步法：第一步，定位“目标肌肉”；第二步，分析表现障碍；第三步，设定期望成果；第四步，建立“仪式习惯”。在“仪式习惯”当中，要确定在每天、每周或固定的时间频率下做什么样的事情，在固定的时间学习什么内容，学做统一，知行合一。

本节复盘

找到你要训练的“目标肌肉”，写下你的表现障碍及期望成果，思考要建立的“仪式习惯”是什么。

30

建立情绪的复杂和对立的统一

追求更高的境界是每个人的理想状态。你的能力强到足以驾驭所有情绪，这就是情绪管理的最高境界。很多时候，有些情绪是对立的，我们的思维很难处理与之相反的情绪。如果你是一个很开放的人，你的缺点可能是不太严谨。建立情绪的复杂和对立的统一性十分重要。

想了解情绪的复杂和对立的统一性，就要先了解古希腊的斯多葛学派。公元前300年左右，赛普洛斯岛人芝诺创立了一个学派——斯多葛学派。该学派的观点是，否认个人和宇宙之间有别，且不认为精神和物质是冲突的。斯多葛学派在当时的希腊是一个影响极大的思想派别，它的创始人芝诺被认为是自然法理论真正的奠基者。

斯多葛学派遵循的是什么？

它基本上否认个体和宇宙之间存在根本的对立，也不认为精神和物质相冲突，是一种融合的价值观。此外，它强调所有的自然现象，

比如生命和死亡，都是遵循大自然恒定的法则，因此人们必须学会接受自己的命运。没有任何事情是偶然发生的，每一件事情的发生都有其必然性，因此当命运来“敲门”的时候，抱怨也没用。同样，我们也不能为生活中那些令人欢乐的事物所动，这种观点与犬儒学派的观点有些相似，有人把这种理论称为“斯多葛式的冷静”（Stoic Calm），用来形容那些不会感情用事的人。

孟德斯鸠在《论法的精神》[①] 中曾经这样评价斯多葛学派：他们虽然把财富显赫和人间的痛苦、快乐看作一种虚无的东西，但是这些人却选择埋头苦干，为人类谋幸福，履行社会的义务。他们相信有一种精神居住在他们心中，他们似乎把这种精神看作一位仁慈的神明看护着人类。他们为社会而生，相信命中注定需要社会劳动。他们获得的报酬在他们的心里，而不至于感到劳动是一种负担。他们单凭自己的哲学就可以感到快乐，同时似乎别人的幸福也能够增加他们的幸福感。

斯多葛学派的影响非常深远。在人类历史中，斯多葛学派第一次论证了天赋人权、人生而平等这一西方人文主义的核心价值理论，后来它对整个罗马时代及之后的时代都产生了巨大的影响。

斯多葛学派的理论强调，你不要从一个极端走到另一个极端，其实有时你不必二选一，很多时候二者是可以融合的。这也就意味着我们完全可以融合两种极端，或者同时拥有两种极端，二者没有必要完

---

① ［法］孟德斯鸠．论法的精神 [M]. 许明龙，译．北京：商务印书馆，2012.——编者注

全对立，你可以拥有统一性。

具体来说，从斯多葛学派理论的角度来看，比如勤劳和懒惰，快乐和伤感，慷慨和节俭，开放和严谨，热情和淡漠，从容和急迫，鲁莽和谨慎，自负和谦逊，这些看似矛盾的词语其实是可以在你身上获得融合统一的。

如果你在各个情绪层面中都可以修炼好的话，按照我们在上节讲的拓宽情绪账户的方法，其实你会发现，在这所有看似极端的词语中，你都可以实现包容性整合。如果花时间评估一下你目前情绪的广度，你就会发现这块“情绪肌肉”还没有被锻炼出来。但如果你完成了我所讲的“肌肉”训练，就可以把对立的品质都融合统一，不需要逼自己二选一。你会发现，你因此获得了一种真正的让美德共同存在的能力。

从这一角度来看，**没有一种美德是不依赖其他品质而存在的。所有美德的存在都有条件。**有时候，一个人过于诚实，同样会是一种伤害，这就是为什么会有“白色的谎言”。你会发现人们其实在本质上都是复杂和对立的统一体。

我们必须在情绪失衡之前培养强大的情感能力，最终的目标是在对立面之间完成自由灵活的转换，这是非常重要的。

所以当我们在练习时，如果你希望达到情绪管理的最高境界，你可以刻意去关注一些极端现象，对一些极端名词中所具备的情感能力进行基本评估。比如，在开放和严谨之间，你认为自己是更加严谨还是更加开放？如果你认为自己更加严谨，那么就要锻炼自己的开放性，同时也要保留严谨性，这样你就可以兼具开放性和严谨性的品质；如果你是做事非常从容的人，你可以锻炼让自己做事急迫一点儿，这样你在做事时就兼具了从容性和急迫性。

这就是为什么很多成功者有时候表现出双重人格。有的时候你好像看懂了他们，但有时又看不懂。真正了解一个人的前提是通过了解他的情绪维度，到最后发现他的情绪维度是符合这个人自己订立的基本标准。但有时候你会发现有的人兼具了严谨和鲁莽的特征，你不容易看懂他们，他们自己的情绪管理能力与段位比你高很多，这样的人拥有能驾驭所有情绪的能力。但有时候你可能因为保持着某种情绪维度而放弃了另外一种情绪维度，这也是你拓宽情绪账户的能力需要，你需要建立情绪的复杂和对立的统一性。

要如何去做？

第一步，完成自我评估。找到自己的特质，比如坚韧或执拗。

第二步，写出在你身上具备的所有关键词的反义词。

第三步，刻意地找到场景。用上一节的方法帮助你训练这些所谓的“反义词能力”，真正帮助你在情绪复杂与对立中建立统一关系。通过不断练习和适应这种驾驭复合情绪的能力，你会成为一个更优秀的人。

本节复盘

了解并建立你的情绪的复杂和对立的统一性。

第五章 为意志力充电：重塑思维的渠道

31

正向思考：变换思维频道

通过前几节的学习，你会了解，体能是情绪认知的基础，思维认知本质上也是精力的基础。我在上一节讲过，一个人的“情绪肌肉”是可以被训练的。这一节，我就来讲讲思维方面的“肌肉”该如何重塑，也就是我经常说的“为意志力充电”。如何通过正向思考变换思维频道，重塑你的思维通道呢？

先要弄清楚一个基本点——体能是情绪精力和思维精力的共同基础，体能决定一切。如果没有体能，你的情绪管理就会失控，思维自然也不会得到优化和提升。精力管理是为了能够做到全情投入。如果你可以全情投入，就相当于在工作中拥有了良好的表现。

我们所说的良好的表现是指什么？

在我看来，良好的表现包括两方面：一是要具备较现实的乐观主义精神，二是要具备专注能力。

你是否具备看清现实本质的能力？即通过一系列现象，除去表层现象所带来的情绪认知，比如你感到开心或不开心，直面事物的本质，了解自己的问题到底是什么。

如果一个学生学习成绩不好，那成绩不好的本质是他的思维能力有问题，还是学习环境不好？这需要透过表象找到真正的原因。如果一个人身材肥胖，造成肥胖的本质是病理性的原因？还是因为他无法控制饮食？或者因为他周围有很多肥胖的朋友，因此始终无法成功减重？在现实的乐观主义精神指导下，看清本质的能力自身就属于现实的一部分。

什么是乐观主义？大多数人遇到一些挫折就会选择放弃。其实乐观主义的根本表现就是遇到任何事情都会朝着目标积极进取。比如，每年我们（LEAD）举办的“又忙又美励志女性人物”选拔赛。其中一年的比赛，有 11 位选手进入了全国总决赛，我们奖励前三名去美国游学。既然是比赛，这 11 位选手中肯定是有人赢、有人输的，我们能明显地发现这 11 位参赛选手的心态是不一样的。有的人最后发现自己没有得奖，转身就走了，很不开心，脸上满是哀怨的表情。但有的选手还是非常开心。我与其中一位乐观的选手交流时，她说：“我的表现已经超出了自己的期待，我认为能进入总决赛就已经是奇迹了，没想到自己最后还获得了优秀奖，这让我有很大的收获。我觉得没有必要跟别人比。萌姐，你不是说过赢就是要跟过去的自己比吗？现在的我敢上这个舞台就已经超过了过去的自己了。”

后来我又和那些在现场不开心，甚至直接和工作人员产生冲突的选手交流。我问其中一人为什么会有这样的表现，她说，她当时就是有一股无名的怒火，就是控制不住自己。

其实，真正能帮助一个人拥有良好表现的，第一就是有透过事物的表象去看透事物本质的能力，第二是乐观主义精神。拥有这两种特质的人能朝着自己真正的目标积极努力。有些选手在第一轮没有发挥好，在后面所有轮次的比赛中也受到了影响。其实到最后，真正影响她们的人就是她们自己。那么，如何拥有良好的表现呢？

一方面，请每个人训练自己成为现实的乐观主义者。另一方面，培养专注能力。其中，专注能力既跟你的体能训练有关，也跟你的情绪训练有关，此外，就是和我们思维精力的“肌肉能力”的基本训练有关。如果你想优化思维精力这块“肌肉”，就需要做到以下几点。

第一，在思维能力建设上做好准备；

第二，构建一幅愿景；

第三，遇到事情要有积极的自我暗示；

第四，要有高效的时间管理能力；

第五，拥有一定的创造力。

思维能力也符合金三角基本模型，其关键是守恒。金三角的最底层是一个人思维能力的输入，中间是思维能力的输出，最上面是思维能力的守恒。也就是一个人如何始终维持思维能力，这和体能管理、情绪管理其实是一样的道理。

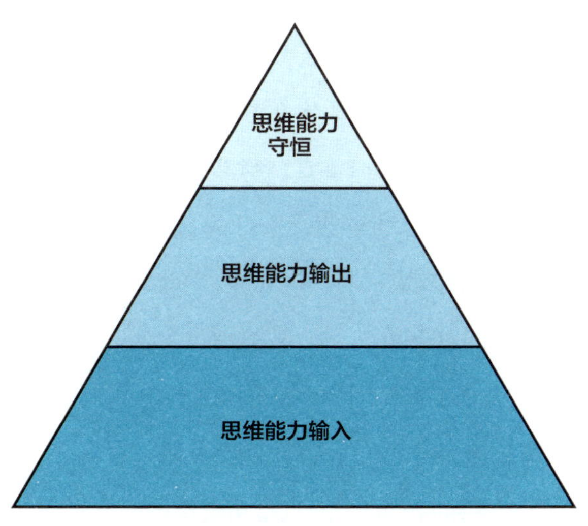

张萌“思维能力金三角”模型

有的时候你想知道如何保持专注与乐观，它的根本是要做到间歇性地变换你的思维频道，这样才能让你的思维精力得到休息和再生。就好比你训练自己的肌肉一样，每天需要不断地训练才能让它充血，得到休息，再进行训练，其本质就是一个训练自我的过程。如果你缺乏“思维肌肉”，那么你的确会有一些不良表现，比如注意力涣散、过于悲观、思维固化、目光狭隘等，你需要通过系统的训练来重塑自己的“思维肌肉”。要知道，一个人的体能情感、体能情绪和思维精力都是相辅相成的。

在身体方面，如果你睡得太少或处于亚健康状态，就会导致你经常感到疲倦，你的注意力也常常难以集中。在情绪方面，如果感到焦虑、挫败或愤怒，这种状态也会干扰你的注意力，损耗你的乐观心态。尤其是在面对高压情况下，比如你在参加比赛、考试时，你会发现此时个人对情绪的自我认知更加重要。当然，如果你想更快速、更高效地学习情绪认知并完成思维重塑，每日的自我训练是非常有必要的。凡事都在于平时的习惯养成，与其说太多，不如知行合一。

在比赛后，我问过获得“又忙又美励志女性人物”大赛的冠军是如何取得冠军的？如何做到一路发挥得这么稳定？她说：“如果我突然产生了消极对待比赛的想法，我就一定会失败。让自己拥有百分之百的积极想法，我就一定可以赢，而且是用健康的心态去赢。”

其实，不仅在比赛中，在商业领域更是如此。为了助力我的学生创业，我创办了助力想要创业的青年实现从 0 到 1 的创业计划——“青创客”计划，目前已经帮助了我的很多学生从 0 到 1 实现创业。他们当中的绝大多数人都没有创业的经验，甚至没有销售的经验，真的是从零开始创业。我认为，对他们的培养，不仅要在创业能力上，比如作为产品开发人员、营销人员与运营人员的能力，互联网时代下的个人品牌建设、好口才、写作、“超级运营人”的专项能力，以及商业模式、社会资本、影响力的构建，等等，更要重视对他们积极、乐观的精神与自信心的培养。我发现，在短时间内，他们的乐观程度直接决定了创业收入。能达到每月 10 万元以上收入的创客们，大多拥有积极乐观的心态；而那些月收入在后 20% 的创客，更多的会在遇到困难后产生悲观心理。通过分析这个结果，你能看到正向思考会产生的真正的思维精力！

乐观的理解方式造就了“青创客”坚韧不拔的品格。有的时候，你会发现一个人可能刚开始并不能胜任自己的工作，可为什么他一定会使命必达，最后取得订单？就是积极乐观的心态使得他能够坚持。一系列的明星销售员写的书籍也都反映了相应的道理，这些人对自己销售的产品是有自信的，自己也是产品的铁杆粉丝，而他们认为销售的过程就是帮助使用者成为更好的自己，怀有初心，帮助他人，成就终极愿景。成功的创业者身上都有坚韧不拔且乐观积极的品格。在我的“青创客”团队中，他们曾经都是普通的职场人、失业青年，甚至是创业失败过的人。刚开始进入团队时，每个人都很沮丧，觉得没有什么机会，但一段时间后，他们每个月都能创造几万元甚至十几万元的销售业绩。我发现，乐观的销售人员、创业者一定能达成自己的目标，因为他们矢志不渝，懂得用快乐的“肌肉”按摩自己的内心，让自己的情绪、情感和思维精力得到持续不断的“充电”。

当然也要提醒一下，**不是什么事都需要拥有正向的思维方式，有的时候，逆向的消极思维也会有好的作用**。甚至有时候，你要特别留意自己的消极思维。当你对一件事情产生消极思维的时候，这可能是直觉在提醒你，你可能会遇到危险。如果你一味地拥抱正向思维而忽略消极思维，你就很可能会忽视风险。

大多数时候，我们需要用理性来判断，而少数时候，特殊的感知一旦被你捕捉到，你又可以在接收信号的时候快速做出反应，那么这种消极的思维模式就会给你带来一定的益处，帮助你进一步准确地评估情况，避免灾难性的结果。

其实，这种直觉并非悲观，真正的悲观者会戴着有色眼镜去观察世界，强调自我防备而非解决问题。面对每天接踵而至的挑战，消极的思维方式不可避免地会带来损害，而且会给你带来消极的影响。而现实的乐观主义精神会帮助你积极地面对绝大多数挑战。

本节复盘

如果你希望锻炼自己的“思维肌肉”，拥有现实的乐观主义精神需要具备两点：第一是现实，即能够具备看清本质的能力；第二是朝着目标积极地努力。同时也要留意自己的悲观主义情绪，尤其是积极的负面情绪，理性做出判断，帮助自己做更好的规划。这就是正向思考变换的思维频道。

32

学会放松：让灵感来找你

不知道大家在听音乐时是否会关注休止符。休止符是乐曲中的重要存在，它是记录不同长短音间断的符号，表示一段旋律中间的停顿。

为什么乐曲中要有间断符号？当你仔细听一首歌时，会发现，演唱者会在特定的唱段中停顿、断句和休息，停顿的长短表达了他不同的情绪。

乐曲中的停顿可以给演唱者留下调息换气的时间，让他在唱下一句不同的音阶时能唱出来。同时，作为聆听音乐的人，只有这样才能接受停顿形成的旋律，因为它有高有低，有连续也有停顿，可以构成一套完美的乐曲。

对人体来说，我们需要停顿、休息。

而我们在这一节要讲的是思维。对人的思维来说，我们往往会忽略一件事，我们称之为“间歇再生”。间歇的“间”就是间断，“歇”是休息。我们在进行锻炼时需要间歇来恢复体力，在做思维训练时也是同理。在间断中休息，人才能拥有思维再生的能力。用间断式的休息方式获得思维再生的能力，就是“间歇再生”。

很多人会认为，工作时长越持久越好。在工作环境中，如果你能长时间保持高产，往往会受到老板的青睐，而如果你中间稍微休息一下就不会得到奖励，白天抽时间运动一下也不会得到赞扬，好像只有一直埋头苦干的人才会得到表扬。其实这些理解都有极大的误区。

这样的老板从本质上就不了解“间歇再生”的含义。在我们公司，员工每天走出去上洗手间都需要5~10分钟，一个人如果一天去4次洗手间，就至少有20分钟是处于放松的状态。同时，我也非常鼓励员工中午或下午去做运动，运动结束后也可以继续回来工作，这种方式本质上就是“间歇再生”。

对我来说，我的工作时间与上班族不太一样。我从早上9点开始工作，一直要持续到晚上10~11点，我周一到周五晚上基本上都被讲课和直播的工作填满，有时候中午也要去讲课。我在“昼夜节律”这一节中讲过昼夜节律的最低点，一般下午三四点是一个人体能的最低点，所以我会在下午四五点开始做健身训练，一般会运动到下午六七点。运动结束后，我会继续回公司工作。这种方式就是“间歇性运动”，它是保证一个人能够完成高产出的重要组成部分。

为什么我们需要“间歇再生”能力？

因为思考本身就要耗费人体巨大的能量。如果你的思维能力得不到足够的恢复，不仅会造成决策失误，创造力也会随之减弱，导致你无法合理评估风险及遇到的困难。

因此，思维恢复的一个关键性作用，就是让你的大脑得到间歇性的休息。说到间歇性休息，不得不提到一个概念——灵感。灵感是一种突然之间给你的人生带来启发的感觉，尤其是在文学、艺术和科技活动中瞬间产生富有创造性的一种思维状态，它不会一直出现，往往如昙花一现。这是一种非常棒的感知思维方式。那么我们该如何获得灵感？你可以回想一下，你在持续高强度工作时能否获得灵感？其实很多人在这种情况下是难以获得灵感的。我自己获得灵感的时机一般是在飞机上，在沐浴、运动、休息、散步时，或者是跟我特别喜欢的人对话的时候。

我也问过一些成功人士平时是怎么获得灵感的。比如我问“下班加油站”的导师，他们当中很多事业非常成功的人都是《财富》世界500强CEO或知名媒体人，他们都是我在某一方面的导师。他们中的很多人都表示，他们在慢跑、冥想、做梦或到海边度假时会有灵感。**记住，几乎没有人会觉得自己在高强度的工作中能获得最佳灵感。**

无独有偶，文艺复兴时期伟大的艺术家、科学家达·芬奇也是这样的人。在创作《最后的晚餐》期间，圣母感恩教堂的负责人天天催他赶紧创作。很多人都以为他会拼命完成作品，可是他并没有。为保证自己创作的稳定性，他白天花几个小时用来做梦，完全无视别人的催促。他曾这样写道，人时不时地离开工作去放松是一个非常好的习惯，当你再次回到工作状态的时候，你的判断也会更加准确，持续地工作会降低你的判断能力。

我们不妨思考，如何不断地帮助自己产生这种创造性灵感？

第一步，列出所有能给你带来灵感的事情。如果你自己想不出来，可以尝试用刚才说到的慢跑、冥想、散步等方式，看看自己在哪些时候容易产生灵感。如果你脑中本来就有一套灵感产生机制，就可以直接把它们列出来。

第二步，准备一本“灵感笔记”。2016年，我设计过一本“灵感笔记”，很多学员都很喜欢。我把它叫作“灵感收集瓶”，因为当我们脑中产生灵感时，如果不迅速将其记录下来，灵感就会转瞬即逝。一般我会在手机备忘录中设置一个“我的灵感”标签，随时随地去记录灵感与好的想法，之后把它们誊抄在我的“灵感笔记”中。“灵感笔记”不需要很多，有一本就够。我在“灵感笔记”中写了很多和创业有关的灵感。比如，我之所以会有“极北咖啡”这个想法，也是得益于此。2015年，“极北咖啡”都是通过线下连锁门店来服务顾客的，很多人会过来买一杯做好的咖啡，然后带着咖啡离开。我认为这不是最好的方式。后来我提出，我们可以用挂耳咖啡的方式，将磨豆器、咖啡豆放在一起，大家甚至可以自己通过研磨咖啡的方式获得对咖啡香气的满足感。要知道，挂耳咖啡的价格远低于在门店购买一杯咖啡的价格。

除了“极北咖啡”，后来，我们在微信中开创了新型的授课方式，这些都源自我的灵感。在工作中突然停下来后，我就有了这样的灵感，于是我把它们记录到“灵感笔记”中。当我翻看笔记时，各种记录结合在一起就形成了具体的实现路径，待条件成熟时，当初的灵感就可以真正地实现了！

第三步，保持张弛有度。我在前几章讲过，人的精力在一天中有高点，也有低点。那要在什么时段完成你的“间歇再生”？

要确保，这一定不是在你精力值处于高点的时候，而是当你快要累成一个干瘪的气球时，你要学会用“获取灵感”的方式重启自己。在精力值处于低点时，让自己处于放松的状态来收获灵感。灵感就是一个闭环，当自己的体力和精力较差的时候让自己放松、收获灵感，然后记录下来，为自己的目标服务，这是一个学会放松、让灵感灵动起来的过程。

本节复盘

如果你拥有“灵感笔记”的话，你会怎么写？记录的格式是什么？你有没有实现过你的灵感？你是如何管理灵感的？

33

提高创造力：思考与放松节奏交替

说到创造力就要先了解大脑的工作原理。人的大脑分为左半球和右半球，左半球一般掌管人类的语言神经，会有条理地按照次序工作，通过逻辑推演得出结论。做事非常严谨的人，左脑往往被开发得更彻底，做事会更加理性。

右脑也有独特的能力——构建视觉形象或空间感的能力，但是经常被人们低估。它强调一种全局观，能将整体和部分连接起来。它不像左脑那样单线条化，它能够使人产生直觉和顿悟。

大脑左右半球的基础理论由诺贝尔生理学或医学奖获得者、神经外科专家罗杰·斯佩里提出。同时他还发现了灵感为何经常出现在最不经意的时刻。他说，人有时不能完全用左脑工作，也不能完全用右脑工作。如果你间歇性地让右脑主持大局，其实它会比左脑更容易分析和解决问题，而且是凭借灵感去解决问题的。一般来说，我们在工作中会完全使用左脑主导分析问题，但是此刻，你一定不能忘记对右脑能力的开发。

这就是我们在这一节要讲的创造力，创造力能真正给社会带来有价值的成果，它也是人类文明实现创新的基础。在工作中，每个人都在寻求自我创造力的提升，因为创造力对从事创意性工作的人和希望自己持续性产生自我突破的人来说尤其重要。创造力是一切工作的基石。

当然，每个人对创造力都有不同的定义。有人认为创造力是人类特有的一种综合技能，动物就不具备；还有人认为创造力是产生新思想、新发现和创造新事物的能力，万千世界都是基于人的创造性思维衍化产生的结果。很多人用创造力来判断人才，比如你是否会有新发明、新创造、新理论、新概念等，就像每一年我都会在喜马拉雅 FM（一个音频分享平台）开一门线上课程，出版一本新书，出一门新的线下课程，其实这都是一个课程教师创造力的基本表现。

描述创造力的过程，最广为人知的就是创造力的五步论。是指在做创造性的事情的过程中产生思维的过程。你的左右脑需要交替思考才会产生一定的创造力。具体来说，有以下几步。

第一步，洞察力。洞察力是你获取灵感的源泉。像上一节中讲过的，灵感绝对不是你在高强度工作中可以获取的，它往往是在你做自己喜欢的事情时，从放松和愉悦中得来的，所以洞察力的获取一般由右脑产生。

第二步，汲取。汲取是按照系统的步骤从众多信息中搜集有益的信息，这一步骤往往是由左脑进行逻辑判断、结果分析的。

第三步，赋予。赋予就是你去斟酌、衡量的过程，这往往是来自右脑的功能属性。

第四步，启示。启示是一种突破性的自我认知。比如，过去你没有得到这种想法，现在恍然大悟，这个灵光闪现的时刻往往是右脑为你带来的。

第五步，验证。验证是依靠你的分析和整理，将创造性的成果“翻译”得更通俗易懂，让你思路清晰。它必须依靠左脑的逻辑性进行分析判断。

所以，通过创造力的五步论，你会发现每一个人在真正意义上产生创造力的时候，往往不是只有左脑有意识地做理性分析，是在左脑有意识地理性分析、寻求解决方案之后，再通过右脑来完成一些交替性的动作，这才是获取创造力的全过程。所以，左右脑就像一支管弦乐团，需要快乐地交替工作。

那么，什么样的思维是交替用脑思维？

比如，一个人投入和抽离的能力。“投入”和“抽离”本身是一对反义词，你需要特别地投入，同时也要能从这件事情中抽离出来，这也是左右脑交替使用的表现。还有思考与放松，思考是一种沉着和聚焦的状态，放松是不用思考的状态，这两种状态本质上是矛盾的，但其实这种交替的预演过程也是一种交替行为。

讲到这里，我们会谈到哲学上的一个命题——矛盾统一性。它指的是矛盾着的对立面彼此之间相互依存、相互吸引、相互贯通的一种趋势和联系。比如刚才说的投入和抽离，本身是矛盾的，但是它们相互吸引、贯通，因为你得先投入才能抽离，它们之间有一种因与果的关系。自由和秩序也是这样，它们既有矛盾性又有统一性，是矛盾双方相互依存的一种联系，而且是彼此互为存在的前提。比如判断一个人胖或瘦，这其实也是互为存在的，胖一定是基于瘦去判断的，不能单独说一个人就是胖，得有一个标准。矛盾统一性指的就是矛盾双方的相互统一和连接。

但是，有的人喜欢走极端，有的人愿意追求平衡。其实从极端到平衡的状态是一个人发展的必由趋势。

我在 2013 年刚开始创业的时候，也是一个喜欢走极端的人。比如，工作期间能不休息就不休息，整天只工作，像一台机器。我甚至也不让我的员工休息。创始人的认知决定了团队的未来，个人认知的高度会决定团队未来所能达到的一切高度。一支团队就是创始人本身。因此，当时在错误的理念的指导下，公司并没有取得很好的成绩。后来我用 5 年时间慢慢地达到了一种平衡状态。到现在，每天我有大量的思考时间，同时发挥了团队的主观能动性，我还把更多事情放手让员工去做。把自己不擅长的部分进行分解，只做自己擅长且喜欢的事情，这其实非常重要。

如何通过交替用脑来提高自己的创造力？分为三个步骤。

第一步，找出自己所有的兴趣爱好。

我从小就有绘画的习惯，但是工作后觉得它没有什么用。作为创业者，我总是习惯以是否有用来判断一件事的价值，所以绘画已被我放弃很久了。后来我在想，如果用交替的方式，能不能把绘画重新纳入我的兴趣之中，于是我又重新捡起了画笔。后来我找到了许多属于自己的沉浸时刻，包括运动、看电影、思考时刻。你也可以尝试寻找能让你沉浸于当下的兴趣爱好。

不光我如此，我的员工也会这样做。我们公司地处北京 798 艺术区，公司有一个几百平方米的大院子，我们花了大量成本去布置，每周都会换不同种类的花，让大家看了能有很好的心情；院子里也有乘凉的遮阳伞和咖啡桌椅，中午休息时，员工们会在舒适的环境中吃饭、聊天；即使在北京的冬天，我们也会长期放置常青绿植，让大家拥有好心情；我们公司还养了一只猫，名字就叫 798，它刚一生下来就在我们公司，经常有人逗它玩；我们有自制的咖啡饮品，每个员工都可以享用。这些环境本质上就是让大家从快节奏中抽离，找回自己的兴趣爱好的过程。通过这些，他们的工作速度会慢慢放缓。我希望这些兴趣爱好能够真正帮助自己的员工完成交替用脑。如果你在公司中不能实现它，就需要自己主动去尝试建立一些兴趣爱好。我自己的很多次创业灵感都来自我在绘画时突然想到的解决方案。这种方式是第一步，要找到你的兴趣爱好，而且每一种新爱好要尝试至少三次。

第二步，把兴趣爱好放在你空闲的时间去做。你也可以尝试绘制你的精力波点图，可以在精力低点值的时候把你的兴趣爱好投掷其中，恢复你的精力。

第三步，当你完成自己的精力波点图后，还需要观察至少一周时间来持续地优化你的时间配比。精力管理是时间管理的基础。

本节复盘

真正让你放松的兴趣爱好都是什么？可以把所有的兴趣爱好列一下，可以在朋友、同事之间互相推荐，也可以共同尝试，之后可以通过绘制精力波点图找到属于自己的爱好，让自己每一天都有这种有效的闲暇时刻，从而完成综合效能的提升。

34

重塑大脑：调动你的思维肌肉

我在前面已经讲过，大脑的运作方式其实和肌肉的运作方式类似，肌肉需要通过定期锻炼来维持机体活力。长时间躺在床上不运动，肌肉就容易萎缩；如果每天进行体能训练，肌肉线条就会变得很好看。这个道理同样适用于大脑：如果它能被积极地使用、开发，它的运作能力就可以提升；如果大脑不被使用就容易变得迟钝。

如果坚持运用大脑，人的认知能力和学习能力就不会退化，即便年龄很大也可以奋战在第一线。

因为我们公司有电商生态业务，其中有与美妆相关的业务，每年我会拜访这个领域的很多优秀前辈，其中一位是著名的美容界导师郑明明。2018 年 9 月，我去香港拜访她，她已经 70 多岁了，与我见面时依旧穿着精致，其服装每处细节、颜色搭配全都是精心的安排。她那天非常忙碌，我们见面占了她半天的时间，当天她还有一场演讲，还要运动。

看到她的状态时我很震惊，这哪像一个70多岁的老人！很多人70岁时都已经处于萎靡的状态了。她告诉我，她的好多同学、好朋友已经去世了，还有一些去了养老院，没有了活力，但她还是一名企业家。就在我们见面的前一天，她获得了中国香港特别行政区政府颁给她的荣誉勋章。她总是精力旺盛，活力满满。我问她准备工作到什么时候，她说："工作让我快乐，所以我每天的工作并不是因为我需要这份工作，而是因为它带给了我快乐。美妆事业带给我人生的进步。"这种精神让人赞叹。要知道，"下班加油站"的一些导师也已经六七十岁了，但身体非常棒，每天还在高强度地工作着。

大脑越用越灵光，这是有科学依据的。曾经有实验人员跟踪测试100名年龄超过64岁的健康老年人。其中1/3的人还在工作；1/3的人已经退休，但是仍然保持着身体和思维的活跃性；还有1/3已经进入了老年人的生活方式，处于不再活跃的状态。4年后，第三组不再保持思维活跃状态的老年人的身体退化速度明显快于前两组，而且大脑的相应得分也低于前两组。保持身体、思维的活跃对于保持身心的健康活力十分重要。

不管你处于哪个年龄段，你都可以持续地优化你的大脑，甚至可以重塑大脑。因为大脑跟其他器官不一样，肝、心、肺、肾使用过度会造成损耗，但是大脑会因为更多的使用而日益敏锐，也就是越用越好用。

很多人对大脑的认知有误区，认为自己的思维跟身体锻炼没什么关系。**要知道，人体的思维和身体锻炼不可分割，适度的身体锻炼也会增加你大脑的认知能力。**

我在前面几节讲过运动的基本原理——身体锻炼能将更多的血液和氧气输送到大脑。当你运动的时候，由于身体带来的刺激，会有更多的新鲜氧气被吸收，这不仅能给我们的“思维肌肉”供应能量，还会生成能够刺激人体兴奋的化学物质，帮助修复脑部细胞。

曾经有一系列实验证明，那些持续进行有氧健身的女性比不运动的女性在大脑的记忆能力和认知能力方面都表现出明显的优势。

我看过的一项实验报告显示，日本的神经学家安排一群年轻人参加半小时的慢跑，每周 2~3 次。12 周之后再次对他们进行测试的时候，研究人员发现他们的记忆能力有明显的提升，答题速度也变快了；而当他们不去慢跑的时候，这些人的答题速度、记忆能力都下降了。由此，你可以看出，身体训练有助于思维的持续活跃。

你的身体锻炼可以优化你的学习和记忆能力。很多人面临考试或需要记忆大量知识点的时候，可以增加一些有氧性的身体训练。你也可以加入我们的健身社群，以防自己偷懒和拖延，和其他同伴一起持续精进！

另外，适度的压力对增强记忆力有促进作用。

前面讲到的体能和情绪部分证明了压力与恢复平衡的重要性，我们需要适度地调控压力。其实记忆思维也是如此。在适度的压力下，一个人的记忆力会增加。比如，如果有一定的压力，我就会突然之间记忆得更好，背诵得更快，但是长时间的压力也会对你的海马体造成损耗，产生不良影响。身体也是一样，它需要不断完成精力的再生并重新消耗。

其实，大脑在学习了一个新知识后，需要一定的时间去做巩固工作，比如重新记忆。同时还会做编码的工作，因为知识在大脑中是以“知识宫殿”的形式被存储的。每个人都需要对知识的总量进行基础把握，在总量的基础上，搭建自己“知识宫殿”中的楼层，甚至细致到楼层中的每一个房间。每个房间代表一个知识点，每层楼代表一个知识体系，楼层与楼层间代表知识体系间的关系。我在《加速：从拖延到高效，过三倍速度人生》一书中，讲述过搭建“知识宫殿”的具体方法。

在这样一个体系之下，有些人调动的“思维肌肉”随着年龄的增长就会越来越少。一些科学家建议，为了维持大脑的活力，大家可以持续学习新的技能。这让我想起了我的姥姥和姥爷，他们现在每天还在学习和记忆新的知识，包括学习语言，学习新的互联网技术等，其实他们就是在不断地锻炼大脑的肌肉。

我在前面提到过舒适区。其实大多数人还是离不开它，沉浸其中不能自拔。舒适区就是你此刻觉得自己的一切都挺好，每天吃喝都不愁就能挺开心的状态。一旦进入舒适区，年龄越大，你的思维调动就会越少，大脑迟钝就成了一个必然趋势。

用什么方法可以走出舒适区？努力打破自己的舒适区，进入一个焦虑区的状态。这个时候，你可以与更加优秀的人为伍。比如，进入优秀的人的圈层，你就会发现他们不论是思维习惯还是在为人处世方面都是非常值得你学习的，他们也因此拥有更高的社会地位和更好的成绩。这个时候你需要狠狠地打击自己一下，因此你会迅速进入焦虑期，你可能会马上想要开始学习，开始行动。针对你现在要学习的内容，我建议你为自己制订一套学习计划。时间很宝贵，财务价值也不能被浪费，因此一定不要乱学习。

那么，我们该如何学习？首先，每个人要为自己制订一份人生蓝图，你要知道你为别人提供了什么方法，解决了什么问题，你的个人价值是什么。然后根据你的人生蓝图，为自己设立人生目标之后，制定学习目标。

学习的本质是建立新的大脑连接，这就是为什么学习可以防止大脑老化。

吉姆·洛尔在《精力管理》一书中讲到了哈佛医学院心理学助理教授玛杰里·西尔弗的观点，每当人们学习新事物的时候，都会建立大脑细胞的新连接。重视这一点，你就会发现，虽然我们的大脑有时会有老化、损坏的现象，但如果可以重新去打造自己的“思维肌肉”，锻炼大脑的不同部位，比如学习新技能或新知识，同时让自己与时俱进，比如进入 5G 时代需要具备产品、营销、运营的硬本领。当你努力学习之后，就会发现自己像被重装了一个系统，重焕新生，每一个新领域的学习都会调动新的“思维肌肉”，为你更优秀的表现服务。以我为例，每年我都要给学生们上数百场线上线下课，但我还会保证 1 300 个小时的学习输入量，这其实也是重塑思维的必要过程。

学习可以修复大脑并建立新的连接，帮助你完成自我提升，变成更优秀的自己。

本节复盘

年龄越大越需要锻炼你的大脑运作，它和你肌肉运作的方式是一样的。如果不持续运作大脑，你就不能持续优化自己的大脑。

身体锻炼也很关键。身体锻炼能将氧气和血液输送至你的“思维肌肉”，让大脑有效地运转。

适度的压力是有助于记忆的，但长期的压力对海马体有损伤。要通过建立有效的“知识宫殿”，处理压力与思维重构。“思维肌肉”会随着年龄的增长而越来越少，所以我们需要走出舒适区，进入学习区。学习将为大脑建立新的连接，这是重塑大脑的方法。

35

意志力充电：热情、毅力、承诺缺一不可

如何给自己的意志力充电？热情、毅力、承诺缺一不可。

很多人会把意志力和毅力混为一谈，但意志力是意志的精力。作为心理学的概念，意志力是指一个人自觉地确定目标，并根据目标来设定自己的行为，克服其中的困难，最终实现目标的心理过程。

意志力有四个关键点：

第一，确定目标。第二，根据目标支配你的行为。比如，你确定的目标是减肥，那么你每天的饮食、运动都要为减肥而设计。第三，克服困难。比如，减肥的过程中会遇到吃的诱惑，或者坚持运动很辛苦，这就要求你克服困难。第四，实现目标。比如，成功实现减肥这个目标。

意志力是一种有益的力量，擅长使用这种力量的人就会在内心产生一种叫决心的动力。人有决心就说明意志力在发挥作用。判断一个

人是否有意志力，就可以问他做事有没有决心。今年是我坚持早起的第 20 年，这也反映出我做事的决心。如果一个人可以坚持一个好的习惯很多年，就说明他的意志力的“肌肉”已经被锻炼得足够强大，如果可以迁移到其他方面，成功也指日可待。

下面我就要为你讲解如何给意志力充电，该怎样调动意志力的“肌肉”。每个人都可以为意志力充电，成为有决心、有毅力的人。

你要先了解意志力的定义。意志力，指的是你的心理功能或身体器官对你的决心的服从，也就是你可以调动身心的一切力量，这就是意志力强大的存在方式。人类和动物的本质区别就在于人的身心是可以合一的。我们的“身”就是我们有充足的“心”的精力储备，通过睡眠、运动、饮食和情绪调节完成。

本书通篇都在讲一个人的精力储备，精力储备指的就是能量，我们的目标就是通过精力管理的系统性学习，实现随时能够调动精力储备的状态。身体是你“硬件”的一部分。但是最重要的还是你的心，它是“软件”。心可以理解为动机、目标、愿望，就是你到底要做什么。从某些维度看，它指的是精神，它可以调动你的精力储备。先有动机，才有行为。所以动机本质上是调动精力储备的关键。

什么因素决定着你的动机？一个非常关键的因素就是意志精力，它是左右你动机的源泉。先有意志精力，然后根据意志精力，调动你的动机，再根据动机调动身体的精力储备。那么，通过学习精力管理，我们攒了满满的精力能量，之后我们要怎么使用它？

你要将精力能量用在意志精力层面才能使精力发挥作用。在整个关于意志精力的架构中，请你记住，如果你想做一个有意志精力的人，或者想让意志力的“肌肉”变强大，要做到三点：热情、毅力和承诺。这三点是支撑你的意志精力实现目标的前提。

第一，热情。热情就是指这件事能够激发你的积极情感，让你充满期待。

我曾问身边做服装设计师的朋友：你为什么要做服装设计？他说，他看到别人穿着好看的衣服就特别开心，他喜欢漂亮的衣服。还有一位非常知名的珠宝设计师对我说，他设计珠宝是因为他自己喜欢戴珠宝。

很多人之所以选择现在的事业，出发点都是因为他有热情，特别愿意做好这件事。

我也是这样。我是咖啡发烧友，每天都离不开咖啡，所以我创办了“极北咖啡”与“下班加油站”。我从事教育工作 6 年，我的工作强度很大，平均每天工作超过 10 个小时，有时甚至超过 20 个小时，而且数年如一日。我想，如果不是真正出于热爱，我根本就没法坚持。没有热情，我们在很多困难时刻都难以挺过去。

所以你要问问自己的内心，你的热情到底是什么。诚然，热情也不是在一开始就能被找到的。如果找不到，你可以向多个领域的朋友讨教，看看他们是怎么找到自己的热情的。

第二，毅力。毅力指的就是你愿意奉献，无条件地持续坚守的力量。比如，坚持每天早上4点多起床，坚持每周锻炼4~5次，每天坚持健康饮食，一年出版一本书、做300场演讲、读300本书。

毅力背后重复出现的关键词，就是“坚持”二字。重复的力量是很惊人的。正所谓水滴石穿，不积跬步无以至千里。重复的次数足够多，胖子也能变成瘦子，一个普通人也能成为成功人士，这就是重复的力量。为什么我要组织微信社群打卡？这也是重复的力量。当你打卡时，页面会弹出你已坚持多少天的提示，我们会特别强调坚持，坚持就是你毅力的晴雨表。

第三，承诺。承诺就是你设定目标，并准备调动资源实现目标的过程。比如，承诺减重5千克，明年多赚100万元，这就是你的目标。承诺会决定你的目标，而目标会决定你的注意力。

在承诺中，还有很多人会忽略的一个关键因素，就是环境的力量。如果你不公开做出承诺，事实上你是缺乏他人监督的。要知道，拥有自觉能力的人始终是少数，大多数人是需要被监督的。为什么学生每天去学校学习，职场人每天去单位工作，接受考勤、测试？这就是环境监督的力量。

2017年，我创办了“知识IP培养计划”（知识IP商学院前身）。其中有一位学员，因为知识带给他的收入可以达到经济独立了，他便从公司辞职，开始做自由职业者。没过多久，他告诉我，自从不上班之后，他的作息完全紊乱了。后来他逼着自己去一个共享办公室租了一个工位，每天去上班，自己的作息才被调好。大多数人是没有自觉的能力来监督自己的，很多有效的监督力量都来自对别人的承诺。

我每年都会在微博上发出一个公开承诺，比如，早起一小时、带学员们做什么事情。也许这件事情本来并不是我愿意做的，只是我需要做，可它一旦变成承诺，我们就需要有毅力去完成它。这也就是让环境帮助自己培养毅力。

意志力的三个关键词是热情、毅力和承诺，翻译成我们能听懂的说法就是爱、坚持和拥有目标并接受监督。

也许你会问，热情和毅力到底是什么？在我看来，如果从哲学维度讲，就是价值观与使命感。价值观就是让你判断重要与否的依据，你认为喜欢的事就是重要的，不喜欢的就是不重要的，所以价值观和热情密切相关。使命感就是即使没有回报，你依然会非常有毅力去做事，所以使命感也跟你的毅力密切相关。

那么热情与毅力这两个要素能否迭代和更新？意志力的“肌肉”能不能通过训练变得更强？答案是可以的。你的价值观和使命感可以通过升级，完成迭代更新。当你接触更优秀的人时，你就会发现自己以前拥有的价值观可能是有一定偏差的，你也许需要重塑价值观；可能你以前没有了使命感，现在和优秀的人在一起工作和交流后，就拥有了使命感。很多人认为意志力是不能被充电的，其实这是一个误区，热情、毅力和承诺是会帮助你完成充电的。

本节复盘

你的热情、毅力和承诺都是怎样呈现的？
你怎样为自己的意志力充电?

36

赋予生命意义：将个人利益置后

很多人会思考一个问题：要延伸意志力就要不断地拓宽自己的意志精力，应该怎么做？我在本节将分享一个绝招——将个人利益置后。如果能做到这一点，你就一定能赋予自己的生命以新的价值与意义。

我 32 岁时，写过一篇文章《写在我的 32 岁》，总结了 32 岁的自己到底学会了什么。

其中我提到了四点，包括智商与经历，你的优势就是你的瓶颈，真心谦逊才能成长，利他才能利己，真正改变了我人生观、价值观的是我在创业后才形成的思维认知。其中有一条很重要，就是利他之心，我把它称为一种思维。在我看来，这是能有效地拓展一个人意志精力的重要因素。

与它相对立的就是自私自利了。有人说人不为己，天诛地灭。我非常理解这种观点，但这并不代表我们不应该拥有利他之心。每个人的人生格局不一样，如果你想在未来成就一番事业，就一定要具备利他之心。

什么是利他之心？利他之心就是时刻能为他人考虑，能不断地思考，社会对我们到底有什么样的期望？他人对我们有什么期待？当你满足他人的利益后，自己的利益通常也能够实现。值得一提的是，利他之心并不代表完全利他而不顾及自己。**很多时候，利他也是为了更好地利己。**

阿里巴巴集团创始人马云先生很早就说过，他的事业是让天下没有难做的生意。这句话在本质上是指，他希望每个中小企业主都能不断地有生意可做，每个卖家都能找到源源不断的买家，这是他的利他之心。但这并不代表他所创办的企业不会从中获益，相反，他就是最大的受益者。

利他之心越大，给予别人的越多，能调动的资源范围就越大，那么你自己获得的利益就会越多，这是一个相对应的过程。很多人在这一点上看不太明白，总觉得利他就是将个人的需求放到次位，让自己得到的更少。其实这是人生格局不同。“以其不争，故天下莫能与之争”，说的就是这个道理。

人一生都在不停地找寻生命的意义。

心理学家维克多·埃米尔·弗兰克尔在其著作《活出生命的意义》中写到了他在纳粹集中营里时，在不断有人死去的环境中，这种认知是如何挽救他的生命的。知晓生命的意义，方能忍耐一切。他指出，我们既要学着去转变，也要向绝望的人伸出援助之手。

生命本身是没有意义的，但我们必须要赋予它意义。活出生命的意义，就是在生命中不断地找寻什么对自己最重要，这就是价值观成型的过程。最重要的是建立你自己的价值观，拥有一套价值系统。没有价值系统，你就没办法真正地做到利他。很多时候，别人会问你，你的价值观是什么，大多数人并没有完整的答案，甚至压根儿就无法回答这个问题。

当你的价值观是利己主义时，你就会把自己的利益看作最重要的，而不顾其他人的利益。没有人愿意帮助并尊重这样的人，因为别人不会从他的存在中得到任何益处。

在我创业的过程中，最早的我单纯地认为，自己的利益是最重要的，创业已经够艰辛的了，每天为青年人的就业和创业服务，我的团队应该谅解我，周围所有人都要为我服务。由于我内心有这样的错误认知，我忽略了与周围人之间的关系，工作中经常情绪失控，状态也越来越差，周围人也不太愿意和我相处了。

直到2016年，我被查出甲状腺多处长有结节，而且增长速度很快。这时我才意识到，自己因为对他人的不重视，没有从对方的角度考虑问题，最后给自己的身体造成了巨大的伤害。当我走上甲状腺穿刺手术台时，我才真正想清楚自己人生的意义。我到底要达成什么目标？

拥有什么样的利他之心？当我开始反思时，我就知道自己一定会战胜病魔，而战胜病魔的关键是不能生气，拥有好心情。情绪管理在精力管理中很重要，自己情绪不好就会对其他人施压，别人跟你在一起时，就会感受到压力。

我不想成为这样的人，于是决意改变自己。通过持续的情绪管理训练，我慢慢地学会与他人融洽地相处，而不是排挤他人。甲状腺疾病康复之后，我就有了一个新称谓——“甲状腺疾病的战胜者”，这个称谓对我来说意义非凡。我不断地认知到，我可以帮助更多的人。在我帮助过的人当中不乏弱势群体，帮助他们成就梦想是我作为教育工作者的重要意义。我的学员中有很多需要帮助的人，残障人士、抑郁症患者、单亲母亲，当我看到他们慢慢地战胜了逆境，成就了更好自己，甚至成长为组织的领导者时，我就会不断地更迭自己的思想认知。他们通过我的课程找到了更好的自己，能照亮更多的人，我便拥有了巨大的成就感。这是我作为一名教育工作者的利他之心。当我拥有更大的利他之心的时候，我发现财富也不断地涌向了我。

2016 年，我提出了“财富金三角”体系的理念，教授他人如何获得人生的第一桶金，让自己不断地增值、保值，找到产生财富的价值源泉——财富从哪里来，到最后如何守恒。当然，单靠我自己是无法形成这种认知的。真正给我人生启迪的是洛克菲勒家族第五代掌门人、洛克菲勒兄弟基金会董事会主席瓦莱丽·洛克菲勒女士，她曾说：“我们家族能够长盛不衰的重要原因，就是我们把 1/3 的盈利捐助给了社会。甚至在我们的孩子的童年时期，他们 1/3 的零花钱就要固定花在自己的公益和慈善领域中，要让做公益变成一种习惯，让利他之心印刻在孩子们的脑海里。”

孩子出生的时候是没有价值观的，父母塑造了他们的价值观，然后通过重复的力量，这种价值观便成为他们思想中的“固定模板”，印刻在他们每天的行动中。真正的利他之心不仅能拓展人们的意志力，也能够成就洛克菲勒家族的事业。对我来说，利他之心让我战胜了甲状腺疾病，重新塑造了自我。之后我又把自己的收获总结成一套真正有效的精力管理方法，教给我的学员和读者们。

如何拥有利他之心？以下有四个锦囊。

第一，养成习惯，每天至少帮助一个人。这个人可以是你周围的同事或朋友，也可以是你的家人，即便是简单地说上一句暖心的话，也会让你和他人的关系更加融洽。我们要常问问生活对我们有什么期望，而不是总对生活提太多要求。

第二，愿意承担更多的责任。以前你可能是一个怕麻烦、不愿意承担责任的人，但是今天之后，你要成为一个勇挑重担的人。在很多人往后退缩的时候，你可以选择向前一步。当你承担了更多的责任时，自然也会收获更多。责任越大，能力越大；同样地，能力越大，责任也就越大。

第三，建立目标，在你的目标清单上打钩以激励自己。每打一个钩，你的内心就会多建构一层价值。我们能不断地设立目标、完成目标，内心自然会收获更多的满足感，这也会帮助我们赋予生命更多的意义。价值观就是在遇到事情时进行认知、判断的过程中逐渐形成的。

第四，多与比你更优秀的、格局更大的人相处。不要深陷在自己的小圈子中，你需要走向更大的平台，看到更优秀的人，与他们为伍。我在创业期间，每当感觉自己有点儿浮躁时，就会去向更优秀的前辈请教。他们对人生有更深刻的理解，会帮助我从之前的舒适区迅速进入学习区，助力格局升级。我在《人生效率手册》中提到过我每年会向 50 位优秀的人学习的这个习惯，我把它称为“以人为师”。

赋予生命意义，需要把个人利益置后，把他人利益放在前面。拥有利他之心，是拓展意志精力的前提。

本节复盘

列出让你的生命具有价值感的事。

第四部分

做好精力管理，实现高倍速人生

第六章

反复铭刻术：自我修炼的秘籍

37

95% 习惯理论：让好习惯成为应激反应

很多人认为，习惯并不重要。其实不然，好的习惯对一个人的进步、成长有非常重要的作用。希望通过这一节的分享，我可以帮你掌握“反复铭刻术”，即通过反复做一件事，到最后形成一种无意识的认知，让你轻松应对困难与挑战。

在开设喜马拉雅 FM 的课程“张萌人生效率手册：时间管理50 课”的线上课后，我才开始运营自己的微信公众号“张萌萌姐”（zhangmengmj）。我通过每天早起在公众号上发送录制的 60 秒语音，向大家问候早安，传递正能量。一开始，我并不知道微信有自动定时发送的功能，于是我真的每天早上 4 点早起发送语音。

每天录 60 秒语音看起来很容易，但从构思写作到最后保证在 60 秒内能把话讲完，其实并不是一件简单的事。一开始我每录制一段 60 秒语音，都要花费将近 4 个小时的时间。我每天都绞尽脑汁地写文案，打印出来朗读。那时的我真的觉得这是一件浪费时间的事情。很多个晚上，我睡觉时甚至都带着沮丧的心情，心想，我怎么就给自己设置了这么大的难题，我要坚持不下去了！但奇妙的是，等我做到第 200 多天时，我突然发现自己其实已经可以毫不费力地完成了。

现在，我会随时拿起手机把我想说的话严格控制在 60 秒说完，还能达到抑扬顿挫的效果。后来我们在社群成立了“好口才训练营”，很多同学也开始跟着我一起朗读。

在坚持 60 秒语音练习的过程中，无论是语言表达能力还是即兴演讲能力，都可以通过它完成基本训练。最关键的是，经过 200 天的反复练习，你一开始的紧张和吃力就可以慢慢变得轻松和愉悦。到最后你可能每天只需花上两三分钟的时间——用 60 秒录制语音，用 60 秒上传到微信平台，仅此而已。**这也让我真正养成了一个好习惯，使我收获颇多。**

精力管理最重要的是产生什么样的效果。当你想做却没有动力去做一件事情时，你就应该把它养成习惯。在没有进行理论学习时，我只是通过经验去证明这件事情是正确的。后来看到有研究机构的成果表明，人类只有 5% 的行为反应是受自我意识支配的，剩下 95% 的行为反应，或者对于某种需求或紧急情况的应激性反应，都是自动反应。所谓的“自动反应”就是人类的习惯。

很多优秀的运动员、艺术家也都得益于他们能够正确认知习惯的力量。如果将自己想要达到的目标全都养成基本的习惯，到最后它们就会变成自己的日常行为，从而使自己达成目标。因此，有意识地养成习惯非常重要。你会把所有认知习惯中的 5% 留给日常生活中无意识的计划，但要把 95% 都留给这种有意识的反馈练习。

知道了习惯的重要意义，接下来我们还需要注意三个方面。

第一，确保你在当下的任务中能有效地使用精力。

如果你把精力用在其他方面，它就会分散。这时你再想完成目标，就没有足够的体力和精力了。

第二，减少行为对主观意愿和意志力的依赖。

养成习惯的最终目标是你感觉做某件事的阻力很小，就像你每天吃饭、喝水一样，不用想那么多就会去做。如果你还没养成习惯做某件事，那你在每次做的时候，可能会感到痛苦。

我经常作为“BOSS 团”中的一员参与职场招聘栏目《非你莫属》的录制。录制节目之余，我们这些经常运动的人就组成了运动小组。我们会分成两个小组进行体能对抗，一组是高频运动的企业家，一个月至少运动 12 次以上；另外一组是低频运动的企业家，每月要运动 8 次以上才算达标。结果发现，高频运动组的那些企业家，每月达标是很容易的事情；低频运动组的企业家，达标率相对较低。

如果让运动成为你习惯的一部分，肌肉在习惯后，你的运动习惯就养成了，它就会成为一件非常自然的事情。当然，每个人在没有养成习惯之前，做这些事情都会很痛苦。所以，习惯的力量是很强大的。

用 95% 的习惯理论帮自己养成好习惯，构成你应激反应的一部分，它自然不会让大脑产生过多负面情绪。

第三，通过习惯将你的价值观和目标转化为有效的行动。

对大部分人来说，行动和价值观之间还有很长的距离。很多时候，你认为一件事情很重要，但是最后当你真正践行它时，你并没有从自己的行动和选择上体现你的价值观。

同样，在早期形成一套基础习惯时，你其实并没有养成自己的好习惯。大多数人都是坏习惯的囚徒，不能早起，没时间吃早饭，懒得运动，乱发脾气，吃不健康的食品等。

一个人的目标与行动之间是有距离的。大多数人最后选择了懒惰和平庸——他们嘴上说着不喜欢目前的生活方式，却迟迟没有任何行动。

为什么会这样？很多人能够确保自己拥有励志的心态，但却没有通过行动去解决问题。越是面对大的困难，越是容易退回旧习惯。如果你希望取得成就，就一定离不开好习惯的养成。

我在“张萌人生效率手册：时间管理 50 课”中讲过“18 个周期礼物法”。每个周期为 21 天，那么全年一共有 17.4 个 21 天，约等于 18 个。如果把每个 21 天当作一个习惯养成的循环周期，全年就有 18 个养成习惯的机会。

人是需要环境与外界的激励的。你可以为自己设立 18 个礼物，每个周期实现目标后，给自己买一个心仪的礼物。拿早起举例，如果你的目标是 80% 的天数可以达到早上 5 点起床，你在 20 天中做到了 5 点早起，那么 20/21 这个数值是大于 80% 的。因此你可以在第一个周期结束的时候给自己买一件礼物犒赏自己。第二个周期结束时，比如你只做到了 8 天早起，早起率明显低于 80%，因此不能给自己奖励。这就是“18 个周期礼物法”，它可以帮你养成任意好习惯。

如果每个人每天都在规划自己的日常习惯，即便有时会被其他人看作一种奇特或怪异的行为，甚至有人批评你有些死板，这都是很正常的事情。因为过去的你在他们眼中，压根儿就不是一个拥有好习惯的人。但是那些拥有成就的人，或多或少都拥有好的习惯。这些坚持养成习惯的人，实际上是在降低自己的思考能耗，从而能够直接完成目标。

习惯能够帮助你创造属于自己的稳定框架，突破性的创意往往孕育其中。习惯可以帮你留出精力和再生时间。当你养成了一个习惯后，就不会花费过多时间去思考，反而可以直接去做。这样就降低了可思考成本和能量消耗。相反，如果你没养成好习惯，每完成一件事，它都会再次消耗你的精力储备。95% 的行为养成都靠习惯的力量。习惯本质上是会降低精力的消耗的。

本节复盘

给自己设计一个“18 个周期礼物法”，先用第一个 21 天，养成一个好习惯。

38

保持“仪式习惯”的持久力

有位哲学家曾说，我们不该培养先思后行的习惯。

什么是先思后行？想清楚一件事是对的，然后去做，这就是先思后行。这句话我是部分认同的。有的时候，我们做一件事之前确实需要想明白了才能做好。但是对于习惯养成这件事，尤其是那些特别考验意志的事，我们却应该先行后思。

先行后思，好习惯就是这样养成的。那好习惯的养成，到底该遵循什么步骤？分为三步。

第一步，调动你的自律意愿。其实就是调动自己做一件事情的意愿。很多读者在读过《人生效率手册》后，开始认同早起的益处，开始做到早起不浪费时间，自然而然，一周内便开始养成早起的习惯。调动自律意愿是推动一个人从思考到行动的过程。在我看来，一个人如果只有想法而不行动，是没有办法达成目标的。

第二步，建立一套“仪式习惯”系统。养成习惯的过程是最煎熬的，很多人在这一阶段容易被打回原形，这是因为你没有做好系统性的准备工作。养成习惯需要建立一套“仪式习惯”系统。

什么叫仪式？比如，每周做一件固定的具有仪式感的事，给父母打电话、每天阅读、学习都是仪式。

小时候，我母亲为养成我每天练钢琴的习惯，在练习前，她都会隆重地介绍：“下面有请张萌小朋友为我们带来《献给爱丽丝》。”这样，我每次都会抬头挺胸走到钢琴前，先鞠躬，然后入座开始弹琴。每次练琴，我都有一种在人前表演的仪式感，而非枯燥的练习。这件事过去将近 30 年了，现在我仍然对这套“仪式习惯”记忆深刻。我母亲教给了我一套完整的仪式系统。仪式让我开始重视这件事，每一次做这件事都能调动好心情。

你有没有想过，女性为什么每天要化妆？在我看来，化妆是一种向往美的“仪式习惯”。你的化妆步骤可能很简单，但是每天在化妆的过程中，你的内心可能产生了一种潜意识——我今天是美的，化妆是美的“仪式习惯”。你也会开始思考，用什么样的服装搭配什么样的配饰和妆容。实际上，你穿戴得体地出现在别人面前，也是对别人的一种尊重。所以，仪式的本质就是一套习惯。

第三步，形成习惯。没有形成习惯的时候，你做一件事时，你的大脑往往需要反复思考，消耗意志精力后，才能够做成一件事。如果不去想，直接就能做，就证明它已经成为你的一套“仪式习惯”了。比如刷牙，你不会去想今天是需要刷牙的，明天不用刷牙。那这是谁帮你养成的习惯？刷牙这件事，一开始应该是陪你成长的人对你产生的影响。他会跟你讲刷牙的好处，然后让你调动自律系统，努力刷牙，之后在你成长的过程中，以各种方式让你每天坚持刷牙。在小时候，我们往往会很抗拒做这件事，其实是由于这套“仪式习惯”还没养成。习惯一旦养成，你就可以轻松地做到坚持刷牙。**所以，把一件事做到“不用想就能去做”，这就是习惯养成的前提。**

还有很多需要你养成的习惯，比如早起、阅读、运动、健康饮食、陪伴家人。这些事情与吃饭、睡觉不同，不属于一个人的生理习惯系统，因此需要你有意识地养成习惯。

这三步法是能够保证你的“仪式习惯”的持久力的重要因素。那么，我们为什么要养成习惯？在习惯没有养成的阶段，你做一些并不轻松的事情时，比如运动或早起学习，你的主动意愿会产生抵触情绪。从自律到自愿，需要你调动你的主动性和自律性。主动就是你不需要别人督促，自己就可以积极主动地完成；自律就是自己监督自己。当你没有养成习惯时，你的主动性很难存在，自律性也近乎为零，因此每当你想要做这些事时，你的内耗会很大。

但是如果你做一件事情变成了习惯，你就会自然而然地去做。比如，我习惯了每周运动，不运动就觉得浑身不自在；其实，你不刷牙也可以出门，但是你不刷牙就会觉得哪里不对劲。这就是习惯养成后，你的身体对习惯的适应。

在我看来，习惯的养成是分阶段的，需要经历 70 天、100 天和 365 天这三个阶段。

第一个阶段基本上是用 3 个小周期就可以完成的。70 天能让你初步适应习惯。用好这 70 天，人体的肌肉就可以被塑造，可以练出马甲线，减肥也能看到初步效果，所以 70 天是可以看出你的成长的。

很多人会问，要以多少天为你的习惯的初步养成标准？我的答案是 70 天。但如果你真的想养成一套系统性的习惯的话，至少要经过 365 天。如果觉得 365 天比较长，我建议你分三步来实现，在每个阶段不断地提升自我，先实现一个 70 天，再另外实现一个 100 天，最后是 365 天。

为帮助自己养成好习惯，我们可以分阶段用小礼物来奖励自己。

成年人长大后很少给自己买礼物，大多买的是生活必需品而不是礼物。其实，给自己买礼物本质上也是一个仪式系统。

在特别的节日、纪念日送礼物就是一种仪式。你给自己送礼物，也是一项重要的仪式。你可以列出自己特别想要的礼物清单，当你完成 70 天习惯养成，就可以送给自己一次旅行或其他礼物作为奖励。赠送礼物的时候就是在实现仪式感，当有你拥有了一套仪式系统，有一个奖励反馈时，你就会觉得这件事情做起来得心应手。

为帮助自己养成好习惯，我们要善于营造有竞争性的氛围。

在我们的“下班加油站”中，小组内会有每日排名。为什么要排名？你超过了多少人，你就排了多少名，排名系统会让你身处竞争的氛围中。尤其是当你养成一个好习惯时，除了自我比较，也可以横向比较。与那些更厉害的人比，能够超过他们的时候，自我满足感也会增强。

此外，一个人可以在一段时间内养成多个好习惯。

好习惯的养成也符合滚雪球原理，雪球会越滚越大，也会让你不断地通过建立这套仪式系统，养成更多的好习惯。如果你的生活被很多好习惯填充，当你每天做很多在别人看起来是压力很大的事情时，你会感到游刃有余。很多人会觉得我每天看起来都挺辛苦，但实际上我自己并不觉得辛苦，因为我把别人看起来很困难的很多事情养成了习惯。当我去做的时候，甚至不用思考，更不用挣扎，所有这一切都形成了我的固定习惯。

养成一套习惯能给你带来持续的安全感与生活的稳定性。生活不会因为你坚持做一些好的事而让你经受过多的波澜。当然，生活始终还会让你面对新的波澜，而这些波澜本身就是一道风景。

本节复盘

制定一套“仪式习惯”系统，思考一下你想要建立哪些习惯，应该为它们设计哪些仪式？

39

训练“目标肌肉”：时间和行为准确规划

养成好习惯是精力管理的重要组成部分。精力管理是时间管理的基础，时间管理确保了精力管理可以被执行。若想训练精力管理的能力，前提是时间管理必须贯穿始终。

如何把精力管理与时间管理相结合？需要四个步骤。

第一步，确定要训练的“目标肌肉”。

“目标肌肉”不仅指你身体的“目标肌肉”，还有你在情绪管理上的“目标肌肉”，或者是你习惯养成的“目标肌肉”。你要改变什么，想要训练什么，就把它当作自己的“目标肌肉”。

第二步，找专家定向咨询如何做目标设立与目标分解。

很多时候，人并不了解自己。很多人总想着要“赢”，而“赢”这件事情，最重要的是自己跟自己比，用现在的自己跟过去的自己比，要赢过去的那个自己。其实，在你的生活、工作、学习中，你所有的竞争对手都是陪跑者，没有人会跟你比一辈子，而且在这场比赛中，并没有统一的标准来说明谁输谁赢。你应该把过去的自己当成竞争对手，赢的目标就是超越昨天的自己。所以你需要评估自己的目标，对它进行科学的设立和分解。如果你没有这种能力，就需要请教目标领域的专家。你可能会疑惑，请专家不是要花钱吗？这是一个投资与消费的问题。在我看来，找专家属于为你投资的行为，并不是消费。消费是花掉的钱就不会再增长，而投资是求回报的，那么你的这份钱即使花出去了，未来也可能会挣回来。所以把花费观变成投资观，这样出发点不一样，结果自然也不一样。

我自己是习惯于向各种专家咨询的。比如，我要训练的是减重 15 千克，那我一定会咨询营养学和运动领域的专家；如果我想赚很多钱，我就需要一套商业模式，那我就会请教商业领域的顶级专家。

你不光要确定方向，同时还要设立一个结果，你需要为自己制订一份基础性的计划，课程与咨询都是不错的方式。比如你想让自己做事被监督，可以找到监督你的环境，养成好习惯。

当你不具备某一方面的能力时，先去找这个领域的专业人士咨询，让他帮你完成两件事情。

一是评估你的目标设立是否合理。尤其是基于你现有的能力，而不是你希望拥有的能力，来评估你的目标设立的合理性。知晓自己的存量很重要。

二是对你设定的这个目标该如何做合理的分解。有的时候，设立目标容易，但是分解目标就比较难了。比如要减重 15 千克，那每个月设置多少千克？每个月都减相同的重量，还是每个月减重不同？刚开始慢一点儿后来快一点儿还是刚开始快一点儿后来慢一点儿？这些都可以请专家帮你确立。

第三步，制订时间计划。

这是我认为的最重要的一步。制订时间计划不仅仅是把日程排入你的“赢·效率手册”中，你还需要有一套系统排列它们的方法。

第一，要绘制你的精力波点图。

第二，要遵循时间的评估法则。

评估任何时间都有两个象限。横轴是可控与不可控的情况，右边是可控，左边是不可控；纵轴是时间的质量，也代表你的精力值，分高点和低点。比如，你的精力值在上午 9 点是很旺盛的，那你就知道 9 点是精力值高的时刻。接下来你还要判断上午 9 点这个时间对你来说是可控的还是不可控的。比如上午 9 点你要上班，早上对你来说虽然质量高，但它是不可控的。那么你需要找到所有可控时间来安排你需要做的事情。

可控的时间又分为两种，一种叫作高精力值的可控时间，一种叫作低精力值的可控时间。比如，对我来说，每天晚上 9 点，如果不做直播的话，这段时间就是可控时间。但是它并不是高精力值的可控时间，因为我每天晚上睡得比较早，晚上 9 点时，我的身体已经准备开始休息了，对我来说这就属于低精力值的可控时间。如果你需要训练的“目标肌肉”是学习商业知识，这段时间就非常不适合。

所以你应该尽可能地找到高精力值的可控时间，然后再利用好低精力值的可控时间。切记不要过多地利用不可控的时间，即使是高精力值的不可控时间。因为这对你来说没有太多用处。你应判断要训练的“目标肌肉”是否需要高精力值的时间。记住，**我们的时间永远是不够用的，谨慎根据实际需要来安排你的时间资源才是明智之举。**

我们可以把什么项目安排在低精力值的可控时间内完成呢？

比如，我打泰拳用的都是低精力值的可控时间，原因很简单，因为我希望在这个时候恢复体力和精力，又不想占用太多的心智资源。再比如，选择听一节课程，这节课可能不是干货类型的，而是资讯型的，我就可以选用低质量的可控时间去听课。

要想真正地修炼好，就需要合理、充分地利用所有可控时间和非可控时间，并且把一件事情真正执行到底。

第三，根据你所有的可控时间来安排相应的日程。

当你确定好你的可控时间，你就可以把所有要安排的日程写到“赢·效率手册”中，从每天的整体时间中把这些事项排列出来。要把你的高精力值的可控时间和低精力值的可控时间、非可控的高精力值时间和非可控的低精力值时间，全部都排入你一天的日程中。然后一定要按照日程安排，一步步达成目标。

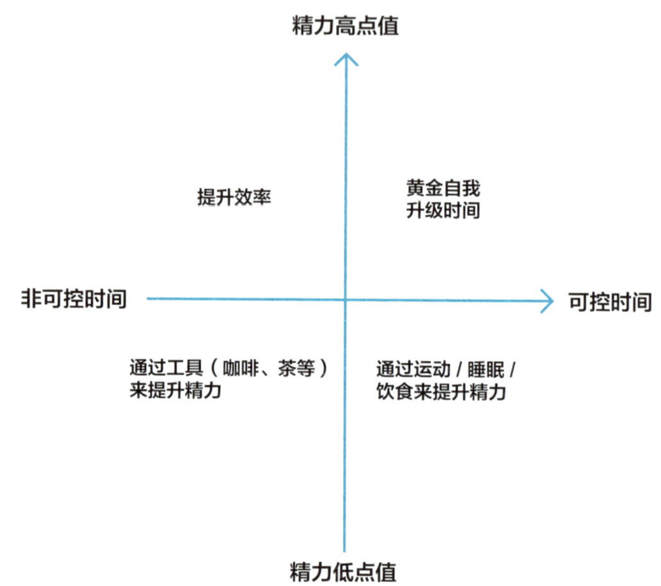

时间的评估法则（可控性与精力值）

我特别推荐你坚持使用“赢·效率手册”。我已经坚持 16 年了，这是让我每天过得有秩序、有计划性且有成就感的方式。每当我做完一件事，就会打钩，增加自己的成就感。此外，它还能帮助你记录生活，让自己看得见自己每一天的进步。

我设计的“赢·效率手册”上，第一页就是“七个人物法”。你想成为什么样的人，过什么样的人生，以及以什么状态过这一生，都需要通过具体法则来实现。“七个人物法”在第一页，是为了保证你每天翻看时会看到这页，保证你不断地确信目标，勇敢践行。我的很多学生正是通过不断确立生活理想和职业目标，让自己重新理解和判断是否有走偏的风险，并及时调整航向的。

第四步，评估你的训练效果。

当你真正完成很多事情时，虽然你理论上充分使用了高精力值与低精力值时间，但生活总会通过你取得的成果，以及自己的心境，来评估你的综合能效。如果你是一个创业者，你创业的成果会直接通过企业业绩、企业价值体现。

最后，给大家推荐一个训练“目标肌肉”的小妙招，把繁重的任务化解到每天的日常生活中。

对我来说，每天学习一句英文金句，平时在我的演讲中总会用到，这种体验就很棒。但如果专门安排时间去背诵英文金句的话，就会觉得这是在浪费自己的时间。后来，我就让我的团队课程组把有价值的英文金句摘录下来，放在我们的手机壁纸上，每天发送到公众号里，这样方便我们的学生每日背诵。很多同学都把它们设为了手机屏保。为了增加屏保的美观性，我们还请爱好摄影的同学们把拍摄的美图发给我们设计部。于是我们收集了各种美丽的照片，印上他们的名字。我把它们设成手机壁纸，每天当我看手机时，就会不由自主地背出句子来，比如，此时此刻我手机上显示的就是那句：“Only by letting go can we truly possess what is real.”（执着，会一无所有；放下，却得到一切）。

英国有一家实验机构做过这样的调研，每人每天大概会看 260 次手机，那我就会将金句背 260 遍，自然就背下来了。所以，我训练这块英语金句的“目标肌肉”，用的是一种非常清晰且充满仪式感的习惯。

很多人在觉得精力不是很充沛的时候，就喜欢去看我的微博，因为他们觉得每次看完我发的内容都会觉得动力十足、精力满满，这当然也算一种“仪式习惯”。

本节复盘

1. 找出你所有的可控时间和非可控时间；
2. 分别对应你的精力波点图，安排每个时间段最合适做的事情，并执行到底。

40

"仪式习惯"：压力与恢复的平衡

与我讲过的能量一样，一个人的精力管理的过程在本质上也是一个输入、输出和守恒的过程。我在这一节要讲的"仪式习惯"是如何帮助自己的精力值守恒呢？这要先从压力说起。

压力是消耗精力的过程。比如，你在工作上有紧急的截止日期，每当看到这个截止日期，你就会感受到压力。同样，你要在有限的时间内完成体育训练任务，达到什么目标，这也会让你感受到压力。对我来说，每天去公司开多人会议，就是让我感到有压力的时刻。我一般在进办公室前，要做 3 次深呼吸。

我是一个非常不喜欢开会的人。相比开会，我更喜欢与高管一对一地对话。有些问题是需要我们进行深度的头脑风暴来讨论的，所以我与我的同事们通常会选择用深度谈话的方式。有的时候，我们也并不是以和解的状态结束讨论，因为我们意见不统一，彼此之间也闹情绪，这会给我们带来巨大的压力。

压力每时每刻都在产生，我们需要及时释放。在工作中，我有一个小方法让自己减少压力，就是不停地喝水。每次到公司开一整天的会，我就会喝 2~3 升水，每天平均去 5~6 次洗手间。这个过程对我来说，也是一种有氧散步式的放松。通过这种方式，我的很多压力也被迅速排解了。

我在公司的第二种减压办法，就是多次加餐。很多人一天吃三顿饭，我其实一天会吃五顿饭，分别是早餐、上午加餐、午餐、下午加餐和晚餐。但是我每顿的饭量并不大，五顿饭加起来的热量不会超过三顿饭的总和，这在保证我热量供给的同时，不会让我发胖。上午和下午的加餐，我一般吃水果、坚果等健康食物。一般加餐时，我会戴上耳机，沉浸在歌曲中，享受只属于我的时刻。我的压力也会因此得到迅速释放。

我在公司的第三种减压办法，就是拍照。我有一个摄影师助理。只要我去公司开会，她都会给我拍照片。我们公司的办公地点在北京 798 艺术区，我们会找特别棒的地方拍照。拍照时间不长，一般为 5 分钟，但这段时间对我来说，就是休息时刻。

下午四五点是我的精力低点值，一般我会选择运动减压。人体的次昼夜节律一般在下午 4~6 点达到极限值，这个时候我一般会去做运动。每次运动 60~120 分钟，一周 4~5 次。因此，当我累到不行时，就会通过以上这些方式来调节自己，让自己减压。因此，休息会贯穿每天的始终，这就是我工作时间的休息方法。

另外，在早晨和晚上这两个时间段，我也有自己独特而有效的休息方式。早晨，我会通过喝咖啡、敷面膜、吃早餐等方式来排解压力。我每天早上 4 点起床，五六点时会喝一杯咖啡，同时敷面膜，因为面膜的冰凉感能让自己更清醒。阳光早餐对我来说也是重要的减压方式。不要忽视你的早餐，它是你每日能量的起点。因为我起得比较早，所以我一般是在早起 4 个小时后吃早餐。这时，我往往极度疲惫，在这个时间段吃早餐会帮助我舒压、放松，这对我来说很管用。

晚上，我会用泡脚来排解压力。睡前，我通常会泡脚，还会做面部护理，同时听听音乐。这一时段，我会感到极其舒适惬意。如果身边有薰衣草精油，也是不错的选择，它能帮你轻松入眠。

所以，每个人都可以根据自身情况，为自己找到一种压力与恢复之间的平衡状态。压力是消耗精力的过程，而恢复压力则是精力输入的过程，这一入一出就完成了精力守恒。

但减压这件事情也同样要养成“仪式习惯”。像刚才我所讲到的自己的这些习惯，其实都是我坚持很多年的结果。为了顺利养成习惯，你必须先意识到你需要这个习惯。

一种意识的形成，对你来说往往还不够，你需要把意识变成习惯，其实就是你从“有意识”变成“下意识”，这就是习惯养成的过程。

习惯的力量是非常强大的。新兵入伍前三个月的密集训练，完全可以让一个手无缚鸡之力的人迅速变得结实起来，开始承担责任。同时你会发现，士兵可以从完全没有自信的状态，经过密集训练，成长为一位拥有自信、充满使命感的军人。

为什么三个月的训练会带给他们这么大的变化？因为在这三个月里，他们确实会“被迫”养成各方面的习惯，比如走路和说话的方式、作息时间、吃饭的规律，甚至是每天的运动习惯，重压下的行为和思考方式，还有塑造自己身体的过程，等等。正是因为这些习惯的迅速养成，让他们在无意识中重塑成另外一个自己。在应急状况下，他们能够自发思考并做出正确的选择，这种行为习惯会决定他未来能达到的高度。

所以，行为习惯的养成可以彻底改变一个人，最后产生完全不同的行为结果。希望你开始学着去养成一种习惯，从无意识到下意识。比如，每天坚持喝 2 升水，从连续坚持第一个 21 天做起，当 21 天挑战成功后，你便可以去挑战 70 天、100 天，甚至是 365 天。当一年结束时，你的这个行为习惯就基本养成了。

所有习惯的养成，都要经历从有意识思考变成无意识思考的过程。在这个过程中，一个人的行为模式会发生巨大的变化。当你在无意识的状态下完成一件事时，这件事就不会消耗你的思考意识精力，同时可以让你释放压力并达到基础性的平衡。所以，“仪式习惯”是保证你在真正意义上完成精力恢复的方式。

所有生活中的好习惯都是通过重复优化得来的。比如，刚开始早起时，我也很难做到，但当我慢慢认识到我确实需要早起时，通过坚持与重复的力量，我慢慢将自己的思维重新塑造，并且认定早起这件事是有必要的。在不断重复的过程中，我终于养成了早起的好习惯。

如果你在未来可以把所有想做的事都养成行为习惯，那么你就会把所有需要思考的问题、需要有意识想的事都变成无意识的思考行为习惯。当所有的事情都变成无意识的习惯时，你的人生将是另外一种模样！

本节复盘

读完这一节，请你在“赢·效率手册”上列出所有能帮你降低压力能耗的具体休息方法，然后见缝插针地把它们安排在你每天的可控时间内，认真执行、调试，在真正意义上养成一个产生压力和恢复压力平衡的好习惯。通过 21 天、70 天、100 天、365 天的执行，让行为习惯从有意识地形成到下意识地形成，从而变成好习惯。

如果你对坚持习惯这件事没信心，欢迎你加入我们的学习社群，助力你养成好习惯。

41

自我精力管理计划：增加坚持成功概率

凡事预则立。一直以来，我做事情的习惯都是先做计划。当我想做一件事的时候，我不是马上就做，而是先静下来想一想，要完成这件事，我需要做到什么？提前制订计划的习惯已经渗透我日常生活的方方面面。

关于个人精力提升，我们该如何做计划？

在我看来，做精力管理要进行五个方面的思考，即体能提升、饮食营养、睡眠休息、情绪管理，以及优化思维。这五个部分其实都与你的精力密切相关，是你制订精力管理计划的重要维度。关于制订精力管理计划，我建议分四步走。

第一步，思考。

你希望解决的问题是什么？建议你先列出清单，把目前遇到的所有困扰及难题列出来，然后进行五大方面的解析。

比如，你发现自己身材有些臃肿，经常一到下午就没什么精力。这种表现出来的障碍与你的运动、饮食密切相关。进一步分析时，你可能会发现，饮食还跟你的情绪管理密切相关，有时候吃得多并不是因为你真的需要这么多热量，而是你在情绪不好时，希望通过吃来缓解压力。这种方法并不会提高你的情绪管理能力。

除了身材问题，也会有其他问题困扰你，包括你的人际关系、亲密关系等。把自己遇到的所有表现障碍列出来，接下来就需要你思考权衡了。

面对不足，选择抱怨还是行动，是区分优秀和平庸的分水岭。任何自我提升都是从对自己不满开始的，所有人都会面临这个问题。然而，那些优秀的人形成了一套固定的思维模式，遇到问题时，会不断优化、提升自己，以此解决问题、改变自我。但是平庸的人遇到问题时，就会自动开启抱怨模式，而不去思考自己该如何解决这个问题。

如果你此刻已经找到问题，接下来就要分析动机，弄清楚自己为什么要改变。

我问过一些身材不好的人，为什么能容忍自己继续这样下去？有人回答说，自己并没有觉得身材不好，而且自己从事的行业也不需要有好身材。换句话说，有了好身材也不会涨工资。刚开始听到这种观点时，我甚是费解。这些人在进行综合性考量时，不管是出于减肥、塑形，还是运动的目的，他们的动力是不足的。当他们受到外界刺激再想寻求改变时，通常也坚持不下去。因为他们自认为外形，根本不重要，所以没有充足的动力真正寻求改变。只有开启自己的“外貌开关”，才可能通过不断刺激自己的潜意识，甚至形成下意识并展开行动。

再举个口才提升的例子。在我们的“好口才训练营”毕业生中，很多人都是从不敢说话到开口说话，再到自如说话的。有的人通过演讲比赛获得了国家级的奖项，有的得到了升职、加薪的机会，还有大量的创业者通过这种方式登上了融资舞台。

其中有个学员，现在已经是一个“网红”了，每天拍摄各种短视频获得粉丝喜爱。她告诉我说，她关注我好几年了，但在过去这些年中，她从来都是徘徊在训练营外。我问她为什么，她说，自己从来没有想到过以好口才为生，甚至还靠演讲挣钱。她是一个相当不自信的人，小的时候因为说话遭受到朋友们的嘲笑，从此就不太敢在人前说话，对说话丧失了信心。在工作中，她好几次都是因为自己不敢说话，与大好的机会失之交臂。看着别人在舞台上，她羡慕万分。是什么改变了她？在训练营中，她每天被逼着说话，刚开始是极其痛苦的。但后来，如果让她闭嘴，她就会难过万分，说话反而会让她快乐。她说，每个人都会经历从低谷走向高峰的时刻，关键是看你到底敢不敢挑战自己。

找到问题、分析动机后，还需要明确你期望达到的效果。清晰地列出你希望达到的效果，比如拥有完美的身材、健康的饮食习惯、良好的情绪管理能力等。

第二步，制订计划。当你完成了以上思考，就要开始制订精力管理计划，你要制订一套从全年到每日的计划要点。把你所有能想到的事全部列出来，包括其中可能遇到的障碍和困难，以及自己为什么要改变，期望达到什么效果，自己的习惯养成周期。把这几个方面全部放入你的计划中。还有很重要的一步，就是要列出这项训练开始的具体日期。

第三步，记录进展。这时候你需要用两项管理工具来帮你完成：一是“赢·效率手册”，另外一个就是“总结笔记”。

前面我讲过，“赢·效率手册”详细记录着具体事项，从全年到每日，甚至可以把每天你几点睡几点起、吃了什么列进去，每做完一件事就打钩。在计划层面，你需要列出每日目标、计划清单，学会安排日程（详见视频）。

“赢·效率手册”使用方法详解

“总结笔记”很简单，它可以用来总结、复盘你的一整天。它更像是自查日志，通过一套日志来完成每日自查，即“吾日三省吾身”。千万不要忽略总结的价值，因为它能真正帮你审查你在计划中实施的工作开展得如何，以及你的时间管理能力是否有提升。

“总结笔记”使用方法详解

当然，制订计划不是最重要的，最重要的是我们要把事情做好。通过“赢·效率手册”完成综合性记录，通过“总结笔记”帮助你有效复盘、提升。

第四步，对失败进行分析。

如果你需要经常分析失败的原因，比如制订了计划，自己却完成不了，那么这个时候，你不仅需要自查，更要分析这件事为什么没做好。

本节复盘

自我精力管理计划的制订：第一步，思考，思考自己遇到的表现障碍是什么，为什么要改变，期望达到的效果是什么；第二步，制订计划，通过五个维度来制定法则；第三步，记录进展，通过“赢·效率手册”制订计划，通过“总结笔记”完成自查；第四步，对失败进行分析，纳入自我提升系统中。

第七章 构建精力蓝图——掌控人生的工具

42

人生目标十一问：订立目标给精力留余地

人生是需要蓝图的。如果你对建筑有一些了解，就会发现，每座房子在建之前，设计师先要完成它的整体设计规划，确认房子的架构，计划装成什么风格，确定具体的施工材料，然后才开始破土动工。没有一座房子是在建造者没想清楚前就施工的。房子尚且如此，人生难道不该好好规划吗？

我小的时候也立下过很多梦想，初中时想当外交官，高中时梦想成为奥运会志愿者，当时我觉得这就是所谓的人生蓝图了。直到自己进入社会开始创业后，我才逐渐理解现实与目标的差距。那时候我设立的很多梦想其实都是自己阶段性的想法，它们不是人生目标。真正的人生蓝图是你人生的发展目标，与你的价值观系统密切相关。成熟的人的思想是独立的，目标也是独立的。

2017 年 12 月 10 日，我们的第一届全球女性领导者峰会在北京举行。那天是我们邀请的演讲嘉宾——畅销书作家金韵蓉教师 60 岁的生日。她在峰会上讲，人生不是以每一年去计算的，而是以每十年来计算的。这句话给了我很大启发，于是我开始做十年目标的发展规划。如果人可以活 80~90 岁，前面的 20 年是懵懂成长，其实你真正拥有的奋斗时段也就是 6~7 个十年，每十年为一个循环。20~30 岁，是立足的人生阶段；30~40 岁，是奠定人生位置的阶段；40~50 岁是巩固人生的阶段；50~60 岁时，你的体力、精力可能大不如前。所以，我们要在前两个十年中（20~40 岁）努力寻求人生目标，到后几个十年，你可能需要扮演好更多的社会和家庭角色，这时就需要你有更强大的时间分配能力。

为什么人生的蓝图会与精力管理密切相关？

你的蓝图越高远，所设立的目标越大，就要比别人更高效地完成日常工作，这对你的精力管理也提出了更高的要求。一些眼高手低的人把目标设立得很高，但实际上自己实践的速度却很慢，他们终其一生可能都成就不了自己订立梦想的 1/10。我要讲的人生十一问，就是帮你确立目标，根据宏大的目标去拆解你每天要做的事。目标越大，越需要强大的精力管理能力。

其实人生很难被量化，但我们要尽量找到一些可衡量的评估标准和指标。让看不见的人生能够被看见，从而引导自我成长。

张萌 人生十一问

第一问　你想做哪种类型的工作？
第二问　你期待的年薪是多少？
第三问　你想住在什么样的房子里？
第四问　你想开什么样的车？
第五问　你想穿什么品牌的衣服？
第六问　你希望别人如何看待你？
第七问　你想如何帮助他人？
第八问　你想变得知识渊博吗？
第九问　你希望去看看哪些地方
第十问　你怎样才能获得快乐和满足？
第十一问　你如何平衡工作、学习和生活？

第一问，你想做哪种类型的工作？

这个问题指向的是你的工作时间是否自由。如果工作时间自由的话，就需要你自己安排好日程，也需要你拥有更强的自律性。

比如，我选择做创业者，时间是很自由的。正因为如此，我会让自己的安排更紧密，每次录课、开会、讲课都要在可控时间内完成，对自己要有严格的要求。而普通的公司职员每天按时上下班，不能迟到早退。从另一个的角度去看，这就是在帮你建立人生的自律性，营造一种节律系统，其实这也是对你有益的。

我见过很多人告别了上班族的生活方式，变成自由职业者后就开启了不规律的生活状态，每天睡觉和起床时间完全失控了。所以，第一点就是你要了解自己到底想做哪种类型的工作，你是希望成为领导者还是被领导者？希望自己自由安排时间还是希望工作帮你养成自律的习惯？

第二问，你期待的年薪是多少？

这个问题其实是包括你年薪在内的收入总和。根据你的收入总和，就会知道你的单位时间货币价值是多少。用这个数字除以 365，再除以 24，也就是自己一小时值多少钱。特别要说明的是，这只是一个经济价值的衡量，不包含其他社会价值。

你可以想一想，一个大学生家教每小时可以挣 35~45 元。你可以用自己的数字与他们做比较，如果还没有超过这个数字的话，就要根据实际情况反省自己创造财富的能力。在当前薪水的基础上，你期待的未来十年，能达到的年收入是多少？

第三问，你想住在什么样的房子里？

除了房子本身的质量，其实，住宅所在的社区环境更为重要。你的社区聚集了什么样的人？换句话说，你想与谁为伍？在好的社区环境中，居民的素质也相对较高。你有没有想过，你希望孩子成长在什么样的环境中。我有位客户是一位知名的保险经纪人，她经常参加小区的业委会活动。她告诉我，她居住在一个高档小区中，而邻居们就是非常好的客户资源，她每年靠小区资源就可以使业绩达标。

在此基础上，你可以想想自己所在城市的哪些居住环境是符合你的未来发展需求的，建议你用十年时间，分几步实现住房目标。

第四问，你想开什么样的车？

这个问题直接指向了你背后的财务投入。除了购买车的一次性投资，当然还有很多隐形成本。但很多人有自己的车友会，这也可成为你的社会资源。

第五问，你想穿什么品牌的衣服？

我很早就在财务支出中给自己每年专门安排置装费，我对自己的着装有专门的要求。二十多岁时，以好看为标准；后来就以面料、材质为标准；再后来我会喜欢一些品牌，不同场合选择不同的穿衣风格，研究不同的色彩搭配与配饰选择。这些对一个人来说都是支出。

第六问，你希望别人如何看待你？

我在学生心中的形象是教师，在公司内的形象是老板，在读者眼中是作者。其实，我更喜欢自己作为教师和作者这两个角色。在“知识 IP 商学院”，我们培养过的很多人都是教育培训行业的深耕者，他们从一开始不太会做互联网教育，到现在已经成为明星教师，甚至取得了自己创业的第一桶金。我称他们为人生效率合伙人。面试时，我会问他们，为什么这么在意自己教师的身份，我们要求教师言传身教，你是否有强烈的动机希望别人这样看待你，你是否愿意为这个身份持续地付出。

与“知识 IP 计划”不同，“青创合伙人项目”的创业者更偏向于用自己的业余时间来实现创业。他们通过创业凝聚了一批志同道合的人，他们是人群中的凝聚者和资源的整合者，这是他们的选择。

所以，每个人都有不同的选择。你希望别人用什么样的方式看待你，最后就会产生什么样的结果。这是每个人需要思考的问题。不同的身份会带来不同的人生，不同的人生到最后就有不同的时间分配方式。你的时间和注意力在哪里，到最后就会让你成为一种怎样的人。你希望别人怎么看待你，或者期待别人怎么看待你，这都有具体的标准和要求。你可以把这种角色作为奋斗目标，并且在十年中深度践行。

第七问，你想如何帮助他人？

这一点非常重要。在我看来，教育是最大的公益。我所从事的事业帮助了很多青年人开始思考一生，为自己的目标做准备。精力管理也让很多生活无序化的人变得高效且自律。很多同学跟我说，自己的身体素质越来越好，工作更高效，这时我觉得很幸福。如何帮助他人，直接决定了我所做的事情的价值。

五年前，我就开始坚持做一项公益行动，叫“助学字典公益行动”，为偏远山区买不起字典的贫困儿童提供第一本字典。我倡导我的学生一起加入公益行动中。有些人反对说，年轻人没赚到钱，做什么公益？这其实不是钱的问题，公益是一种习惯。我希望通过公益行动帮助他人，回馈社会，这也让我收获了更多的成就感！

第八问，你想变得知识渊博吗？

学历高并不等于知识渊博。很多高学历的人因为没有利用好自己的知识，在工作岗位上也难以发挥优势。我认为知识渊博的关键在于拥有学习的能力。只要拥有了学习的能力，就算你离开校园，也能独立学到有益自身成长的知识。

什么是学习能力？改变过去的认知，知道如何去做，并提升自我。把学和做结合，持续去做，这才是让自己“学到”。你要明确自己未来想成为什么样的人，这样的人需要哪些知识作为支撑。拥有这些知识作为你的“支撑系统”将有助于你实现目标。

第九问，你希望去看看哪些地方？

我刚创业时就订立了要行走 100 个国家的目标，而且这些年一直在践行。每次走到新地方，我的思路都会有新的启发，人生的格局也更加宽阔。

但请记得，去任何地方旅行都需要时间、精力和财务成本，你能否承担这些成本，是你十年奋斗目标中值得思考的。尤其有时你要带着全家一起出行，这种行走会更有意义。

第十问，你怎样才能获得快乐和满足？

这个问题非常重要，它决定了你人生的终极价值。坦白说，我从经济不独立到独立的那一刻，曾沾沾自喜。我曾经以个人的支付能力作为衡量人生满足和快乐的标准。这种对物质的追求，确实也是人生的一个阶段，当然也是一种快乐的形式，但它不是唯一的形式。当你再上升到新的高度时，你会有新的追求——可能是你的精神性满足。

虽然我的工作强度很大，但通过与团队的共同努力，我们帮助更多学生找到了人生的打开方式。他们从没有信心到信心满满，不断地给我正向反馈，我因此感受到一种极大的满足感。

第十一问，你如何平衡工作、学习和生活？

这个问题直接指向你是否想要扮演多个角色？比如在家庭、社会、职场中的不同角色，你是否都能扮演好，且愿意扮演好？如果是，你就需要腾出更多的时间，努力成为这样的人。

再次强调，人生十一问不是以一年为奋斗目标的，它是你十年的发展，是十年后你想要达到的状态。希望通过这人生十一问，你可以为自己设置下一站的奋斗目标，开启人生新篇章。

本节复盘

认真并真实地回答本节提出的人生十一问，并做好记录。下一节将探讨人生七问，帮助你更好地评估自身现状。

43

人生现状七问：学会评估现状

人需要正确地评估自己。知人者智，自知者明。正确看待自己是一种能力。在我的教学经历中，我发现很多人会高估自己，当然，也有一些人总是妄自菲薄，总认为自己不行。我们“下班加油站”大师课有一位导师，是一位非常成功的企业家，他不但做企业成功，也实现了不同阶段的人生目标，获得了多方认可。但他有一项缺点是特别不自信，经常贬低自己。过分地贬低与看轻自己，同样是看不清自我的表现。**正确地看待自己的能力也是需要进行训练的。**我在这一节就给大家提出人生七问，让大家学会评估自我的现状。

为什么要评估现状？

通过人生十一问，我们获得的是一种人生的目标“增量”。未来十年，你想让自己按照什么样的人生状态度过一生，就像远处的峰顶和灯塔，它是你十年内要实现的目标。同时，我们还需要了解自己的人生“存量”。存量指的是你的现实情况。

“目标增量”减去现有的存量，这个差值除以可控时间，就是人生奋斗的速度了，我把它称为“人生的加速度”，这是你人生奋斗的意义。

要完成自己人生的奋斗目标，你需要拥有多快的速度，用多大的力气？你所需的精力值和你要用多大力气去奋斗密切相关。我们不仅需要知道我们的目标增量，还要知道我们目前的存量，增量减去存量才有意义。这一节探讨的就是人生的存量。

张萌 人生七问

第一问　你对现在的状况是感到满意，还是感到一团糟？
第二问　为什么你对现状很满意？
第三问　你对自己的现状有哪些不满意的地方？
第四问　你要如何改变当前的处境？
第五问　你开始积累社会资本和人脉资源来实现目标了吗？
第六问　你现在有没有过着一种平衡的生活？
第七问　你敢于对自己说真话，真诚的面对自己吗？

第一问，你对现在的状况是感到满意，还是感到一团糟？

请用 0~10 分给自己打分，10 分是最高分值，代表你很满意；0 分是指你对现状特别不满意。相信在生活中，你既会遇到令你满意的部分，也会发现自己不满意的部分，请客观地评价自己，并且记录你的得分。我大多数的学员给自己打了 6~7 分。

第二问，为什么你会对现状感到满意？

比如，为什么你会给自己打6分而不是1分？你对自己的人生满意度应该有个权重，把所有你能联想到的、让你感到满意的事列出来。比如，我在线下课程中看到我的学生列的通常是家庭生活幸福、工作稳定、父母对自己满意，这些都是比较常见的要素。

第三问，你对自己的现状有哪些不满意的地方？

如果你对自己有不满意的地方，请把自己所有的不满意一一列出。

比如，你可以列出自己的不满和感到挫败的地方。

这里我提个要求，对于第二和第三个问题，请至少各自列出五条。请绞尽脑汁去想一想，但也不要想得过多，提炼最重要的五条即可。

第四问，你要如何改变当前的处境？

改变自己，说难，其实也不难。很多同学说，我要在一年之内改变自己，可实际上他们却安于现状，在原地踏步。当我们下定决心要改变时，就要不断地思考和总结自己要如何改变，同时去建构自己的改变行为模式，做一个坚定的行动者。

改变当前的处境，更多的是针对第三问中的不满意之处来进行变革的。当订立了你的人生十一问，那么你的“To Do List”（行动清单）就已然被订立，十年内，你自己的目标就要实现了。你首先要知道自己在十年内要实现的财富增长是多少，单位时间货币价值从现在的起点增长到哪一个点才会让你满意，同时你每年拥有多少时间，做什么事情来提升自己、开阔眼界，等等。

第五问，你开始积累社会资本和人脉资源来实现目标了吗？

当你要实现目标、配置资源去改变当前处境时，你往往需要人脉资源来帮助你。人是资源的整合器，很多人都想增强时间效率、提升精力、提高职场综合技能，希望有导师帮助自己。这时，他们可能会找到我。同样地，你想融资应该找到谁？你能够通过谁来认识他们？企业每年的增长目标该怎么实现？你需要哪种类型的合作伙伴？怎么构建自己的团队成员？这些都需要社会资本帮你实现。而人脉就是一种有力的社会资本。你需要把这些资源全部列出来。**一个真正通过社会资本提升自己综合能力的人，需要掌握人脉管理术。**

第六问，你现在有没有过着一种平衡的生活？

很多人都会认为，平衡就是多付出时间，其实不然。比如处理家庭关系，或是在职场打拼，关键不是你花了多少时间，而是你要合作或是服务的目标对象对你的付出是否满意。很多时候，你付出了很多时间，对方就一定会满意吗？

其实，要做好一件事，一味地付出时间和精力是不够的，最重要的是要把事做对。在职场上也是同样的道理。有些人总觉得，工作时间越长，老板就会越喜欢他们，但是他们并不知道老板对他们真正的期待是什么，显然他们也无法维护好工作和生活的平衡。比如在我们公司，我希望大家可以用最短的时间把事情做完，其他时间可以用来运动、读书，甚至用来交朋友。同样地，你要弄清楚你的家庭成员对你有什么期待，不管是家庭生活还是工作中，把事情做对很重要。

第七问，你敢于对自己说真话、真诚地面对自己吗？

有时候，人最缺乏的能力就是直面自己、直面现实。很多人往往会自欺欺人，不敢对自己说真话。直面现实确实很不容易，甚至很残忍，但这是我们实现自我成长的必经之路。

本节复盘

通过人生七问，学会评估你的现状：拿出一张纸或“赢·效率手册”，将本节的人生七问的答案一一列出来，最好能与人生十一问的答案区分开来。这七点都是你评估你的存量的过程。一个人只有了解自己的存量，才能知道自己要努力的加速度。

44

人生加速度：解决精力不足的科学方法

我提出的一个新概念，叫“人生加速度”，我在第六本书《人生效率手册》中把它称为“人生效率”。

人生加速度是有公式的。

先用你的目标增量（也就是前两节讲的人生十一问）减去你的目标存量（人生七问），再用得出的数值除以自己的可控时间，即在一定时间内完成的目标。这就是你要奔跑的加速度。

$$\text{人生加速度} = \frac{\text{目标增量（人生十一问）} - \text{目标存量（人生七问）}}{\text{可控时间}}$$

张萌人生加速度公式

你的时间可以被分为两类：可控时间和非可控时间。你要先找到所有可控时间和非可控时间。要具体落实到每一天 0~24 点内所有的时间段，画出你自己的非可控时间有哪些。要特别注意，用来工作和陪伴家人的时间也是非可控的。在这段时间里，你的伴侣和孩子随时需要你，所以你就难以自如地去做自己想做的事，因此这也算非可控时间。排除这些非可控时间后，要找出自己的可控时间。

经过多年的时间记录，我发现，对我来说唯一可控的时间就是早上起来的那段时间。如果我能做到早起，我就有可控时间；如果我没能早起，那我全天都没有什么整段的可控时间了。我曾经多次因为工作非常忙碌，晚上加班而第二天没有坚持早起。然后我就开始变得焦虑，心里总想着自己每天连一点儿可控时间都没有，只有无数的事务性的工作。不停地开会、接受媒体采访、讲课，使我一直都处于连续输出的状态，那时候，我常感觉自己完全被掏空，没有一点儿输入的时间。

要知道，一个人如果只有输出而没有输入，其实是不平衡的，这种状态很难完成自我提升。目标增量的完成首先要有好的身体基础，这要求你的精力状况非常好。另外，你的目标实现与自我提升密切相关。如果自己的头脑始终是 1.0 版本，还拒绝升级，连一点儿输入的时间都没有，优化和提升自己思维认知的可能性就近乎为零了。

人生加速度计算公式的本质就是让我们处理好目标增量、目标存量和可控时间三者之间的关系。

同样地，你的精力值也分为两类：精力状况好的精力高点值和精

力状况不好的精力低点值。如果你想实现人生目标，就需要在自己的可控时间内，把这段时间的精力调节到自己的精力高点值，才能取得良好的成效。

但这其实会出现一种很有趣的现象。比如，当你晚上下班到家后，你可能需要陪伴家人，这段时间对自己来说属于非可控时间。等到你陪伴完家人，可能就要到晚上 10 点以后了，这段时间对你来说，就又是可控时间。但这个时间段对很多人来说是自己到了想要睡觉的时候，它又构成了精力的低点值。虽然你的这段时间是可控的，但是这段时间的使用价值很低，因此，你可以把自己每天晚上的这段时间列为可控的精力低点值时间。

有没有可控的精力高点值时间呢？以我自己为例，其实一开始，我是找不出这样的整段时间的。直到我养成了早起的好习惯，我才真正拥有了可控的精力高点值。本书出版的 2019 年，是我养成早起习惯的第 20 年。这项习惯一旦养成，我早上的精力水平就从昏昏沉沉的低点值慢慢变成了精神饱满的高点值。我已然把早起变成了习惯，同时我也在这一过程中不断地完善了自我。

无论你是职场人还是学生，在大多数情况下，你每天是没有多少可控时间的。但你可以把自己的 24 小时时间表画出来，看看自己长期稳定的可控时间到底有哪些。有时候，其实不是你不具备可控时间，而是你能自己能排出的大多数可控时间过于碎片化。如果你身处北京、上海、深圳等大都市，通勤时间可能会很长，平均要一个小时以上。这段时间虽可控，但是由于环境嘈杂，你自己的精力状况可能并不稳定；或者周遭的环境并不好，比如地铁、公交车上的拥挤、嘈杂的环境就很难用来学习。**因此，很多职场人开始慢慢把早上精力的低点值调整成自己精力的高点值。**

拿我自己来说，现在我早上的时间是可控的，而且精力状况非常好。我可以从早上 4 点完整地学习到 8 点，这就让我每天拥有完整的 4 个小时的学习时间。别小看这 4 个小时，如果一年 365 天里 80% 的日子都能做到早起的话，在这一年中，我就多了 1 168 个小时的早起学习时间，这其实是非常可观的时间量。如果你每天工作 8 小时，早起带来的时间总量相当于你 146 天的工作时间，将近半年！所以，如果你坚持早起，你将比他人多收获半年的精彩。

如果想实现思维升级，你往往需要在精力高点值时做好自我提升的工作，而且是在你自己的可控时间内做。我每天的早起时间正是用来做思维系统训练和综合性提升的。比如我会在早起时段阅读，而且快速阅读的方式让我能在短时间迅速吸收书中的主要观点并为我所用，以这种方式，我每年能阅读超过 300 本书。同时，我早上的写作效率也很高，《人生效率手册》和《加速：从拖延到高效，过三倍速度人生》两本书都是我在早起时段写完的。

如果你也希望早起，就需要慢慢把自己从早上起来、不清醒的状态，调整到你一起床就快速做到精力满满，这是自我修炼和调控的结果。这些年，我的很多学生都做到了这一点，相信此刻在阅读的你也可以做到。

但是，这不代表一个人就不能拥有精力的低点值。在精力低点值时，你往往需要充电，比如睡觉就是充电的一种。

我在前几节讲过，小睡相当于充电宝充电，晚上睡觉相当于充电器式充电。每天晚上 10 点后我会准时睡觉，此刻我需要充电了；中午精力状况不好的时候，我同样可以通过小憩来完成快速充电。

运动也是一种充电方式。你在运动时，可以通过加快呼吸促进能量释放，你的身体也会因此充满能量。你可以在精力的低点值选择运动的充电方式，把低点转变成自己的高点。你会发现，运动之后的你会变得信心满满，你的思路可能会变得更加开阔，灵感可能也会增多。总之，要做到在精力高点值耗电，在精力低点值充电。

每天处理工作的时间对我来讲是非可控时间，但那时我的精力状况很好。在精力高点值的时候，你应该选择耗电。比如学习、做重要的沟通、处理人际关系、解决工作难题、做好情绪管理，这些都是人体的耗电方式，需要你的精力在处于高点值时完成。相反，精力低点值时，要做充电的工作。需要强调的是，很多人会反着做，结果产生了负面的影响。有的人在自己处于精力高点值的时候，反而继续为自己充电，想想你周围在精神状况非常好的时候打游戏或看一些无关新闻的人，这些可能充斥在他们每一天的行动中，他们可能以为这是一种放松，但实际上，这不会对他们有任何帮助。

如果你现在还没有实现自己未来十年的人生十一问，请思考自己现在到底处于哪种状态中，能否通过优化自己的表现，帮自己厘清人生加速度。如果你为自己设定的目标很高，但现实的存量并不太好，你往往需要付出更多的努力来完成。尤其随着年龄的增长，你的可控时间会越来越少，这就更需要你去管理好你的精力和时间了。

一个人一旦成家立业，可控时间会越发少。进入创业高速赛道时，你的可控时间也近乎为零；你的年龄越大，扮演的角色越多，可控时间也会越来越少，比如照顾老人。很多人问我，精力管理与效率管理有没有关系？你从“人生加速度”公式中就可以看出，如果你的可控时间少，目标又高，存量又差，那么你需要提升自己的效率。通过优化自己的效率系统，争取在自己精力高点值的时候，把所有想做的事情做完，不至于拖延。这就是用“人生加速度”科学管理你的精力状况。

本节复盘

根据人生加速度公式计算你的人生加速度。

45

学会学习：复盘三步法是自我进化的能力基础

2013 年我开始创业，每年的重要工作之一就是与我们的导师沟通如何引导青年向上发展，所以我在创业之初就有幸向一些知名人士学习。我通常会不断地反思，他们为什么成功，以及他们有什么品质是值得我学习的。在我看来，同样是学习，一些人只能学到表面，但另一些人就可以由表及里；一些人总是停留在认知升级层面，而另一些人就会把它们上升为行动价值；一些人的学习就是学习知识本身，但另一些人能将知识转变为他们的生产力。学习对于大多数人来说，意义与价值都不一样。接下来的 5 节，我将探讨学习本身，将知识从听到、学到、做到、会教到最后转化为生产力的全过程的方法介绍给你，让你的学习不再只是做表面文章。

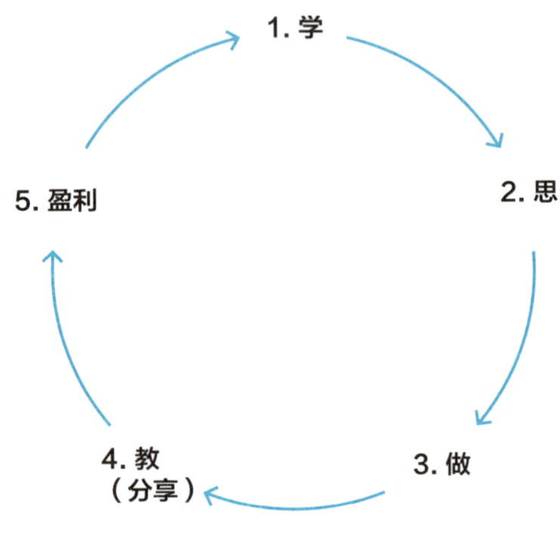

张萌学习五环法

对精力管理而言，复盘的作用是什么？我们为什么要复盘？我们需要先想清楚这些问题，再开始学习。很多人的学习是在做表面文章，收获了所谓的“学习的快感”，花了时间，消耗了精力，但是根本没有起作用。为什么会这样？

原因很简单，**如果没有设定明确的学习目标，一切学习都是“假学习”。**这一点就解释了为什么很多人看似非常努力地在学习，但实际上成效一般。

2018 年，我重新回归天津卫视的职场招聘节目《非你莫属》的录制。有一天，我在节目中面试一位选手，她的简历上写着自己最大的爱好是读书，于是我就想跟她交流几句。她告诉我们，自己通常在空闲时间选择读书，于是我便问她平时喜欢读什么类型的书。她说自己读得很杂。我便接着问她，最近读的一本书是什么。她想了很久，最后支支吾吾地说最喜欢的书是《谁动了我的奶酪？》。这是一本很早就出版的畅销书。之后我问她能否分享一下这本书的观点，她想了很久，然后尴尬地说："萌姐，我能换一本书讲吗？"于是她又说自己特别喜欢《定位》这本书。这本书我很熟悉，在我的个人品牌课程中，我经常会使用它提出的方法，帮学生解决个人品牌定位的问题。但是这位求职者又开始苦想冥思，眼神中露出求助的目光。我想知道：她说自己喜欢读书，可她到底在读什么呢？

图 3　张萌担任《非你莫属》求职节目"BOSS 团"成员面试候选人

我组织过一个 3 000 人阅读《加速：从拖延到高效，过三倍速度人生》的读书会，通过微信社群同读一本书。过了一个月，我们设置了一系列思考题，很多人都发现，自己过去一直都在“假读书”。学习分“真学习”和“假学习”，如何让你所有的学习都能有的放矢，如何让你的学习时间不被白白浪费，这很关键。

如果想做到“真学习”，有一个非常有效的方法：学习复盘法。

这个学习方法在我人生的很多关键时刻起到过重要作用。2018 年，我和一位同事一起参加了一个线下课程。通常大家会在课程结束后做一下复盘，然后就不了了之。而我不仅当场就做了一个整体的复盘，之后还制订了一个工作方案，使所有的内容都围绕这次复盘来行动。不到一个月的时间，我就赚回了十倍的学费。很多人在知道这件事后都很惊讶，想知道我是怎么做到的。我针对学习建构了一套学习复盘法的基本法则，正是这套法则让我在同龄人中遥遥领先。

当然，领先别人并不是关键，**真正值得我们追求的是，使每一次为自我投资的价值达到自己当初设定的目标。**

大多数人在学习时，通常是获得了一种学习的快感，并没有为目标服务。学习本身是一件相当耗费时间的事，因此我们要讲究方法，了解什么是真正的“学到”。“学到”的前提就是要思考，你到底为什么要学，以及你如何产生持续的学习力。持续的学习力是一个人的竞争力，也是其在职场中竞争力的重要体现。很多人忙碌一生终究没有学到学习的要领，但有的人稍微学习一点儿知识，就可以看到显著的效果。所以，我们不能让学习停留在表面，而要真正持续、深入地学习，以提升自我认知水平，收获成长。

学习复盘法包括哪些？分为三个步骤：复盘新知，改变旧知，如何去做。

第一步，学完后，通过复盘，你有什么新知吗？

新知就是过去不在你的知识体系中的新的知识，它很可能是你第一次听说，或者过去你只有模棱两可的概念的知识。但通过学习，你切切实实地了解了这个概念。

第二步，这些新知识改变、更新了你知识体系中哪些旧的认知？

我们过去看待一些事物可能存在一定的偏见，这种偏见不是由某个个体的偏见产生的，而是我们之前对其并没有充分地了解，对事物了解的片面性导致我们产生了偏见。所以，改变一个人旧有的认知是一项非常重要的工作。我们过去的认知很有可能是错误的，在学习之后，我们有了新的认知。那么，新的认知和旧的认知一定在某种程度上是互相关联的，也是互相补充的。

第三步，思考如何去做，让梦想照进现实。

很多人把学习看作认知升级，但他们学完后还是停留在原地，始终没有将学习知识上升到行为模式改变的层面上。请建立这样的学习意识，将学习与你将如何改变自我、如何去做联系在一起。很多时候，如果你学习后，在行动上没有改变，就等于没学，这不是真正的学习。学习是人的重要能力，很多人没学到位，本质上不是因为没学，而是因为学完之后还不知道怎样去做。

我们有一个“三个 to do（如何去做）”计划。

比如你看一本书，请在读完后做三件事：一是思考这本书带给了你什么新知；二是它改变了你过去什么样的观念 / 想法；三是读完后，你要做出哪些改变。

为什么学习精力管理也需要你完成深度复盘？精力管理具有较强的实践性，如果学到的知识不在实践中应用，就等于白学了。希望你在学习后，为自己设计一套复盘计划，包括在读书中、培训班和线上的课程中，甚至哪怕是与别人交流时，你也要记得做复盘。人与人之间能力差别中的一项能力就是复盘的能力，而复盘能力并不是人人都能掌握的。希望复盘可以成为你实现自我提升的好帮手。

本节复盘

为自己设计一套深度复盘计划，可以从精力管理的学习复盘开始。

46

学会提问：旧知与新知融合的反馈

每个人的知识体系就像宫殿一样有楼层，不同的楼层中有不同的房间，这就组成了一个人的知识系统。比如，你的大学专业知识是一套知识系统，在工作领域掌握的各项技能又是另一套知识系统，所有不同的知识系统共同组成了一个大的知识体系，这就是知识宫殿。

在这套知识宫殿的大体系下，每层楼有不同的房间，一个房间就是一个小知识点，房间与房间之间的关系共同构成了知识的关联。**所以，学习的本质就是构建知识宫殿的过程，其中的关键步骤就是处理好新知与旧知的关系。**

认知宫殿的构建分为六个步骤：

第一步，了解知识宫殿的总量。总量就是你所有知识的总和。

第二步，搭建知识宫殿的结构。比如，每一层的知识体系是什么，楼层与楼层间的关系是什么。

第三步，掌握知识的学习程序，即先学什么后学什么。很多人在学习中并没有掌握学习知识的基本程序，给自己知识宫殿的搭建增加了难度。

第四步，知识的关联。是指每层楼的每个房间之间的关系。比如，针对演讲与口才这项技能，人的魅力与他的语言之间是什么关系？你的手势、身体姿势会不会成为演讲与口才必备的“房间”，这就是认知关联。

第五步，了解知识的内外联系。这意味着，有些楼层之间可能有关联，有些可能没有关联。

第六步，了解知识的动态和变化。任何知识在你的知识体系中都有一个从新知到旧知的过程，它是一直变化着的。所以在搭建认知宫殿的过程中，你需要从动态的角度对知识进行管理。

那如何处理好旧知与新知的关系？比如，你新学了一门学科知识，就要学会把旧有的认知与你的新认知相融合，让知识宫殿扩容。融合也分为融合与不融合两种。当你的新知进入大脑，用你的认知信号进行判断时，你会发现，有时新的知识没办法融入知识宫殿中，因为此刻你的大脑处于一种不兼容的状态，这时就需要你扮演好提问者的角色。提问后，请相关导师为你解答。当你得到答案且想通后，自然就能把新的知识融入旧有认知中。

比如，在我的“好口才训练营”中，除了训练学生演讲的能力，我还设计了“成交学”的相关知识学习。很多同学刚开始不理解，好口才与成交学有什么关系？如果你做过和销售相关的工作就会知道，当你面对客户时，你并不能百分之百地保证客户会为你买单。我有的学员是做保险、微商的，他们告诉我，很多客户其实对他们抱有成见。对成交来说，好口才是必备的技能。好口才的应用是需要很多场景的，我在北京师范大学开过一门公选课“实用演讲与口才”，当时我的授课对象是大一到大三的学生，因此我讲授与演讲相关的知识就不会讲到成交学板块的内容。而我的线上“好口才训练营”课程是讲授给职场人的，他们当中80%的人都是从事销售工作的，因此我要根据大家的需求，把这些内容增设其中，为学员们的实践服务。

对演讲本身来说，在台上演讲是一种场景，在台下把产品成功地卖出去也是一种场景。同理，对于难成交的客户，如何通过几句话甚至是不说话，就能让他乖乖买单？我解决此问题的灵感是受到新浪微博副总裁王雅娟教师的启发，她也是“下班加油站”的导师。我采访她的时候，她说自己一直从事销售工作，而且在销售的过程中从不给对方打任何折扣，而每一次合作，顾客都觉得她很真诚，信任她，愿意跟她合作。她能做到不打折也会顺利地让对方排队和她合作，这就是她所理解的成交学。不用说太多话，但是因为我懂你，最后我也会跟你成交，这是一种简单、易懂的关系。所以，好口才有很多种应用场景，成交学是其中之一。

观点会塑造大脑的新知，产生和旧知的融合。**所以，旧的认知在与新的认知融合时，如果发生不兼容的情况，希望你学会向他人提问。**

我推荐你使用提问三步法。

第一步，你同意对方的哪些观点，为什么同意？

如果你能回答出这个问题，就会以正面的方式帮助自己构建知识宫殿。比如，训练好口才要学习成交学模块，我的一个学生就很同意这个观点。她认为，现在即使不去做销售工作，也可以在生活场景中用到其中的方法。从这个角度理解，成交学的本质就是物与钱之间的关系，对方觉得合理了，这件事情就能成交了；如果不能体现出物的价值，对方就不会与你成交。

第二步，你不同意对方的哪些观点，为什么不？

比如，有些人不同意我指出的演讲需要个人魅力的说法。为什么不同意？她们认为，没有魅力的人也可以做好演讲。那就要分析，什么是有魅力的演讲者？至少在他演讲的那一刻，他的状态是吸引人的。试想，如果一个人在演讲的过程中，所有听众都无聊到低头看手机，这就不是一个具有魅力的演讲者。

第三步，如何应用这些理论，要用什么样的方法？

比如，如何将精力管理和时间管理的方法应用到你每天的工作、学习中？你可以通过前面提到的精力波点图和时间的评估法则图找到应用场景，完成对自身的反馈。

要记住，学习的目标是自我成长，自我成长是实现你终极目标的必经之路。

本节复盘

应用本节介绍的提问法，完善自己的学习过程。

47

学会知行合一：重复是一种力量

当你走进“极北咖啡青年创新加速器”教室时，一抬头就能看到四个大字——知行合一。在我看来，知行合一是一种力量。如何实现知行合一，如何把所有想到、学到的事情变为你的行动？

去做，就意味着你开始用行动代替学习本身。很多人在学习的过程中只做到了“了解”，但我希望你学习完精力管理，能把这些知识变成你的行动。比如，你开始养成运动的习惯，这一项好习惯可能会让你终身受益。

但有人会说，让我做一两天还行，不停地重复做，我就坚持不了了。而我在本节就要讲如何把重复变成一种坚持的力量。

第一，循序渐进地做。比如养成一个好习惯之后要及时总结方法，再攻克下一个。

有人说，荣誉就是滚雪球，如果你获得了第一个，只要你持续努力，后面的也会接踵而至，这句话也适用于做事。你刚开始也许并不能做好一件事，但只要持续去做，在第一件事取得成功的基础上，你就会慢慢迈向其他成功。

前面我提到过我的甲状腺多处有结节的问题，当时医生们都让我做手术，而我给了自己 150 天的康复期，最终我奇迹般地康复了。我是自己的救助者。我从创业以来，积压的最严重的一个问题是情绪管理能力极差。我基本每天都要发火，经常感觉浑身都有无名怒火在燃烧，并且没有食欲，总爱吃很辣的食物来刺激食欲。我甚至经常有一种全天下人都与我为敌的感觉。

后来我的医生告诉我，你不能再生气了，要做好情绪管理。我是做教育培训行业的，我深深地懂得一个道理——如果我自己治不了自己，就要让其他教师来治愈我。于是我接连报了好几个情绪管理的培训班。可是我听完所有课程后，还是没有什么效果。后来我还是用自己的方法治愈了自己，我用到了 21—70—100—365 的方法。

我准备了一个笔记本，上面列满了我想要的礼物，有包、手表、旅行等。我告诉自己，从今天开始，除了日常开销，所有的购物都停止，要先坚持 21 天不生气，才能开始“买买买”。我甚至给自己想要的礼物排了顺序，打印了它们的图片，贴在我的书房门上，我每次走出去就能看到它们。我每天做到不生气后，都会给自己打个钩。我因为害怕自己坚持不下来，所以约了十几个女性朋友一起加入这个项目中，一起坚持“不生气”。每当有朋友生气后，我们会集体复盘生气的原因，从中吸取教训。

刚开始的 21 天是最难熬的。我要求自己不生气的天数达到 80% 以上。结果计划在第一天就夭折了。在一次工作谈话中，我的员工让我非常生气。当晚，我就在“人生错题本”上复盘自己遇到的问题。后来我发现，我的问题出在不能从他人的角度考虑问题。接下来，我的表现很好，一直坚持到第 7 天，又发了一次火。那段时间我正值感冒期间，生气使我一直咳嗽，一度失声。当晚我又拿出了“人生错题本”，好好反思。神奇的是，一直到第 21 天，我没有再发过火。我甚至还不断地劝慰群里的姐妹们不要生气。于是我立即给自己买了一个心仪的包，我开心极了！接着我就开始挑战 70 天、100 天。我后来也把这种方法介绍给了我的学生。那段时间，我们的微信社群盛行着情绪管理励志计划。

第二，找到正向环境，让正能量萦绕在你周围。

患甲状腺疾病期间，医生对我说的最多的话就是，你应该多锻炼身体。那个时候的我自认为身材不错，而我始终有这样的误区，认为运动是与身材相关的，身材好，就不需要运动。我曾得意扬扬地说：“我这种人，就属于怎么吃都长不胖的类型！”写到这里，连我自己都在笑话过去的自己。

我还是迟迟没有展开行动。直到有一次我跟“下班加油站”导师洪明基教师一起吃饭，聊起关于青年大会的事情。他一直是“立德领导力”的捐资人。从成立到现在，他连续四年向我们捐助了资金。我们有大半年没见，我看他比上次见到的时候瘦了很多，也精神了很多，就问他原因。他神神秘秘地告诉我说，他自己已经沉迷于一项运动一年多。在我的追问下，他告诉了我他的“秘密”，这也是我第一次了解泰拳。我还记得那次他带我去训练，60 分钟的训练结束后，我基本瘫倒在地，脸色煞白，感觉自己站不起来了。离开训练场时，我连拿包的力气都没有了。之后又在家里躺了 3 天。此时的我坚定地认为，这项运动不适合我。之后，过了几天，我“活”了过来。我给洪教师发信息说：“我想逼自己一下，你再带我去练练吧！”于是一周后，我又开始练泰拳，并且惊讶地发现，我这次没有那么累了。虽然也是瘫倒在地，但我休息了一会儿，还能爬起来。接着我就开始自己训练，从一周一次，到一周三次、五次。我曾经摸着自己的大肚腩，看着镜子里臃肿的脸、大腿和松垮的胳膊，暗暗下决心，就是你了——泰拳，我要跟你死磕！那段时间，我认识了好几位热爱健身的朋友。我每次逢人就问，你喜欢健身吗？我会在微信上打上一个特殊的标签——健身爱好者。平时感觉自己坚持不下去时，我就会看看他们的朋友圈。我甚至可以说，是那些朋友塑造了我。2017 年“双 11”时，我首次对自己打泰拳进行了直播。一年后，2018 年“双 11”，我带了一群小伙伴去直播泰拳训练。

三年时间，我看到了自己的成长。现在的我，拥有正向环境，被正能量包裹着，成了更好的自己。

2015 年

2018 年

图 4　张萌 2015 年 vs 2018 年三年对比图

泰拳训练

健身训练

图 5　张萌健身场景

第三，正向思考。

当我想养成好习惯的时候，如果我屡次失败，我就会在纸上写上一句话，这句话可以不断地帮我重复正向的记忆。**我会在纸上写“我听到、我看到、我感觉到，而且我知道我是一个能够做到什么的人”。**这句话看起来很长，让我给你分析一下。第一，“我听到”一定是我自己说的话。第二，“我看到”一定是我看到的自己的行为。第三，“我感觉到”是我知道自己内心的想法。第四，“而且我知道”，这是指我是真正了解自己的。第五，“我是一个能够做到什么的人”，比如早起的人、能坚持运动的人，这说明不论是从外部的感觉，还是听从自己的内心，我都是非常了解自己的人，我知道自己能做什么。每天上班前可以读一遍，或默念，或大声朗读，甚至可以把它变成你的手机屏保，可以不断地通过正向的自我激励，帮助你养成好习惯。

当你坚持做一件事365天，其实它已经在潜移默化地影响你了。很多同学跟我学习以来，养成了早起的习惯、运动的习惯、健身的习惯、阅读的习惯，我感到无比自豪。重复是一种力量，这种力量将你我连接在一起，我们就是彼此最好的环境。

本节复盘

试着写下你正向思考的方法，给自己不断的正向激励。

48

学会分享："学会"的最高标准是"会教"

2016 年，我提出过一个观点，即"学会"的最高标准是"会教"。很多时候，我们学习之后就没有下文了，我发现这样的学习效果很难达到最佳。为了提升学习效果，在学会复盘、学会提问、学会知行合一的基础上，我们要学会如何去"教"。"会教"是一种能力，而且可以让你对所学的知识有更深刻的理解与认知。

很多人都认为，"教"这件事只有教师才需要做。但你有没有想过，你在读完本书，学习了精力管理的方法后，是不是可以把所学的知识教给别人，这个"教"的动作本身也会巩固你的学习效果。

把所学到的知识教给别人，这一观念已经根深蒂固地植入在我的思维中。每当我学习了新的知识，就会主动想要说给别人听，也争取教会别人。从我上幼儿园的时候开始，我的母亲就不断地训练我。我每次学会一项小技能，就要把这项技能教给父母，这也成为我印刻在脑中的“基本操作流程”。长大后，当我开始从事教育工作时，每次课程结束后，我都会做一次复盘，让我的学员把学到的知识教给其他人。

曾经我在“财富高效能”线下课布置了这样的作业。上完线下课后，很多学员从找不到人生目标到规划人生蓝图及十年发展目标，从一开始不知道如何做时间管理到找到人生的目标方向，知道如何提升自身效率，最后井井有条地从 0 到 1，开始实现精力管理。看到他们的状态发生了翻天覆地的变化，我不得不说，“学会”的最高标准是“会教”，“不会教”就不叫真的“学会”。只有通过把所学教给他人，让教师的知识体系入驻你的知识宫殿，成为你的“硬本领”，才是真正的“学会”。

那次“财富高效能”课程结束后，我让学生梳理课程中自己认为有价值的知识点，然后在我们的社群中找到 10 个人，把这些知识点教给这 10 个人，同时让他们给自己的教学工作打分。打分标准是你是否真的可以做到“学会”，是否能够真正做到知行合一。

为达到“学会”的最高标准，我在本节给大家分享“教”的五步法。

第一步，内容准备。如果你要教一个知识点，请先做好相关内容的准备工作，其中要包括三项内容。

第一项，梳理与知识点相关的自己的故事。

图 6　张萌授课现场

比如，我要讲 SMART 原则[①]，这是一个确立目标的原则。我会用自己的“1 000 天小树林计划”学会英语，当时用的就是 SMART 原则，

① SMART 原则是明确性（specific）、衡量性（measurable）可实现性（attainable）相关性（relevant）和时限性（time–bound）的首字母组合。是由管理学大师彼得 · 德鲁克提出的目标管理原则。——编者注

这就是一个与我个人紧密相关的故事。所以，第一项就是要把你自己与和这个内容相关的知识点的故事全部梳理出来。

第二项，尽可能地丰富这个故事。

如果你没有找出能够与知识点相对应的自己的故事，也可以收集书中或其他真实人物的故事。故事的选择要与你的知识点相匹配。如果一味空洞地讲知识点，你的听众就难以理解你讲述的知识；如果你可以用讲故事的方式去解释知识点，它就非常容易被理解了。这些年来，在从事教育工作的过程中，我用这种办法成功地让学生们很好地理解了知识点。要重视讲故事的重要性。在平时的工作和学习中，要记得经常收集故事。人物故事栏目“立德人物”中就有超过200位名人的励志故事供你参考，你可以通过喜马拉雅FM搜索到。

第三项，尽可能地了解你的听众的情况。

不同的听众需要不同的讲课方式。我在备课时，其中一项重要工作就是了解我的学生。在课程开始之前，我会让班长发送一份调查问卷给学生。通过调研，我可以了解学生的基本情况。对他们了解越多，我就越能讲述他们需要的内容。这些年，我为企业做培训，同样也是要与邀请人充分沟通，看看他想要达到什么样的目标，听众的情况如何，这些都需要一定的衡量标准。

第二步，列出知识点及框架。

这里我推荐使用思维导图，可以用导图帮你梳理框架。讲课过程中，课程内容是有先后次序的，要条理清晰、分明，听众才能充分理解。关于知识点的列举，你可以使用思维导图工具，描述知识点之间的关系。

第三步，提炼金句。

每一个好的课程都需要金句来提亮。我在讲线下课时，教室四周会立着展板，上面印着我说过的金句，比如“早起，你将比其他人多活出半天的精彩”“过有准备的人生”“与谁同行决定你的未来”“知识就是生产力”等。如果你在课程讲述过程中，可以妙语连珠，带出几句金句，就可以提亮整体课程内容。金句，是有力量的。

第四步，内容整合。

你需要把要讲的内容全部整合在一起，包括准备的故事、你的调研情况、知识点及金句。此时，这些资料还没有被深度整合。你需要先试讲一遍并录音，听完第一遍录音时，你可以调整一下讲课结构。

我在讲课之初都是需要逐字写稿的，每一篇中都有具体表述方法。后来慢慢熟练，就不再需要逐字写稿了，只需要列出基本框架。到后来只要我登上讲台，让我连续讲上三天三夜，都有源源不断的内容、不重样地讲给大家听。

第五步，试讲。

在试讲环节中，你是需要有听众的。你需要让听众明白你说的话，并真正愿意接受你的观点。在这个过程中，能够让听众对你所讲的内容产生直接的理解与收获，价值非凡。

不要轻易认为自己学会了某个知识，有的时候，你可能并没有学会。你不妨测试一下，如果你也可以把学到的知识教给他人并让他人学会，就证明你真的掌握了这些知识点。当然，你也可以通过分享自己的学习收获和感悟，让你和你的听众产生更多的黏性。

本节复盘

“学会”的最高标准是“会教”。建议你把学会分享这件事情作为今年自己的一项重要能力去构建。

49

让知识成为生产力：避免知识的无用性

恩格斯曾说：从本源上看，生产力是具有劳动能力的人和生产资料相结合而形成的改造自然的能力。古代的猿人通过劳动转化为人，产生了劳动生产力，生产力的形成标志着历史的开始。所以说，生产力就是人实际进行生产活动的能力，也是用劳动获取产出的能力。①

我在这一节要讲知识如何成为生产力。这首先要回归到生产力的概念上。生产力的狭义概念非常适合解释这一节的主题，它是再生生产力，就是人类创新、创造财富的能力。为什么人与人之间创造财富的能力差别很大？也是生产力的问题。

我们要从生产力的角度来理解到底应该如何学习。在我看来，你如果在学完一堂实用性很强的课后，并没有学到更厉害的创造财富价

① 马克思，恩格斯．马克思恩格斯全集 [M]. 北京：人民出版社，2007 年第 1 版．——编者注

值的能力，这就从一个侧面反映出，你可能白学了。

很多人向我咨询时，经常会问这样一个问题：学生从学校走向社会，到底需要具备什么样的能力？

有三种重要能力是具有关键价值的。

第一，学习“硬本领”、点亮新技能的能力。

学校与职场不同。在学校的环境中，你可以被动学习，根据课表及教师的教学安排按部就班地学习。而职场不同，职场是给你开工资的“学校”，很多知识与技能都是你未曾了解的。我的一位高中的师兄，现任华为公司副总裁，从毕业之后一直服务于这家企业，最终做到了企业高层，用了将近 20 年的时间。我问他，你在华为坚守这么多年，可以分享一下原因吗？他自信地说，他每天都在学习，而且尽管现在年龄增长，阅历丰富，他仍然像一块海绵一样，在企业发展的过程中不断学习，重塑自我。在职场，你需要主动学习。而随着社会环境的不断变化，也需要你不断点亮新的技能。在职场中打拼，如逆水行舟，不进则退。当你选择在舒适区安逸的时候，你也离自我升级越来越远。5G 时代[①]已来临，在万物互联的时代背景下，你有没有掌握

---

① 5G 的英文全称是 the 5th generation mobile communication technology 就是第五代移动通讯技术，其峰值理论传输速度可达每秒数 10Gb，比 4G 网络的传输速度快数百倍。5G 时代伴随着 5G 网络产生，一切设备互联将重塑我们生活的方方面面。同时，它支持百亿、千亿级的海量设备连接，也将加速物联网普及。5G 时代对我们的能力属性提出了更高的要求，其中产品、营销、运营就是其中三项重要的思维和技能。——编者注

进入新行业的能力，能否适应新的时代？你是如何掌握新技能的，投入了多少时间、精力、财力？有没有坚持学习五环法？这些问题需要你深入思考，为自己制定发展目标。

第二，在职业、学业及工作的平衡中，做出重要决策的能力。

这其实是在我们进入职场后才会面对的问题。为什么我们的互联网大学叫“下班加油站”而不是“上班加油站”？叫“下班加油站”是因为你在下班的时候，更要面对思考职场升级的问题。你需要有职业生活、家庭生活，同时还要学业精进，这就是工作、学习、家庭之间的平衡的决策能力。

第三，根据你的职业发展轨迹，不断深化你理解行业的能力。

为什么“下班加油站”会聘请不同领域中有重大成就的导师？因为他们对自己成功案例的分享可以帮助学员分解问题至“如何做到”，帮助学员构建相应的知识体系，同时也帮助学员连接更多的社会资源。

想让知识成为生产力，我们先要解读生产力。生产力是有系统结构的，其中包括五大要素。

第一大要素，劳动者。

你创造社会劳动价值，获得相应的报酬，你自己就是劳动者。

第二大要素，劳动工具。

所谓劳动工具，指的是你用什么特定的工具，比如 IT（信息技术）人员要用电脑，服装设计师要有绘制图纸，教师也要有教学场景中使用的特定工具，等等。

第三大要素，劳动对象。

比如，我的劳动对象就是我的学生，他们都是愿意学习且不断向上的励志青年。

第四大要素，对社会环境的深刻理解。

青年人必须懂国情，要知道国家的大政方针及政策导向，懂得经济发展的基本规律，关注发展趋势，这是非常重要的。如果一个人不了解他所在的环境，是没办法做到适者生存的。

第五大要素，懂得生产系统的结构。

所谓生产系统，指的是你个人发展的商业模式是什么。做企业的人都会有一套自己的商业模式，你不会见到任何一家公司没有模式就能发展得很好。整个社会也是由各类模式组成的。大到社会，小到个人，你的个人发展同样也需要一套人生模式。

那么，如何通过这五大要素更好地理解学习这件事呢？

第一，作为劳动者要提升劳动技能，也就是自我学习。

自我学习最重要的是对自己的发展目标有规划，你要了解自己的身体，了解自己的知识和技能存量与认知瓶颈，了解自己的社会资源与发展模式。

第二，任何一个人想要把知识变成生产力，必须想办法优化劳动工具。

使用“赢·效率手册”“总结笔记”“人生错题本”等管理工具，使用精力波点图记录你的睡眠，使用心率带评估你的运动状况，这些对我来说都是劳动工具。如不用工具作为辅助，有时不仅会造成不便，效率也会受到影响。

第三，针对劳动对象进行学习，开启实践之路。

2015 年，我们公司成立了电商部门，通过助力智能硬件企业发展，为青年推荐好用的硬件产品。2016 年，我们的女性学生数量远超男性，且很多女性都在问我使用什么护肤品、美妆产品。因此我们用数月时间连接渠道，为大家推荐“萌姐同款”，成立了淘宝店铺，创办了一个月一期的“又忙又美团购日”和每周一期的“又忙又美说”直播栏目，让大家放心购买安全可靠、价格实惠的产品。我们的电商事业目前已经发展到第四年，数次在各大自媒体榜单中获得冠军。这就是针对用户需求、研究如何满足他们的需求的体现。

第四，了解社会环境。

我非常注重了解社会的大需求，会反复研究、学习政府的政策及相关会议内容，以指导工作实践。在参加重要会议时，我也会认真听发言人讲话，认真做笔记。我不光要求自己这样做，也要求学员这样做。作为新时代的青年人，你需要了解国家的大政方针，了解国家和社会对我们有什么样的期待，以及我们如何才能融入时代。其实，每个人都是时代的产物。

第五，找到生产力系统结构，构建生存模式。

每个人都有一套自己的人生模式和活法。你的模式系统越优秀，人生效率越高。

以上我介绍的五个角度：劳动者、劳动工具、劳动对象、社会环境及生产力系统结构，恰恰构成了生产力的系统结构。如果你的系统结构中的每一项都发展均衡，那么你的发展就会进入超高速公路；如果不对称、不均衡，你的发展就会受到一定的限制，速度就会变慢。你会发现，如果主体与客体相互作用，资源不断地再生，这套系统就会不断地升级。

让知识产生生产力，有两种青年人可以实现的方法，供你参考。

一种是知识创业，即“产品人”创业模式。

比如我自己，就是一个产品人。通过不断优化、提升我的知识产品，比如线上课程、线下课程、纸质图书、电子书、栏目等，通过互联网传播销售，产生规模效益，最后获得经济价值。这其实就是知识IP的创业过程。我们的“知识IP发展计划”在几年间也“孵化”了一批热爱教育的知识IP。

另一种是“青创客项目”的创业模式。通过对其品牌构建能力、销售能力的培养，助力构建个人发展模式，通过产品销售创业。其中很多人从来没有从事过销售工作，但他们成功地在这个岗位上实现了自我价值，创造了收入。这就是“知识就是生产力”的知识模式系统。

在你学习知识的时候，请避免知识的无用性，时刻思考如何通过以上五种方式来实现知识就是生产力的创富模式。如果这五点都无法满足你的话，那你就要知道如何通过升级来优化自我，让知识真正产生实用性的价值。其实，学习知识不是为了获得快感，知识是有用、有功效的，它能为你的人生目标服务。

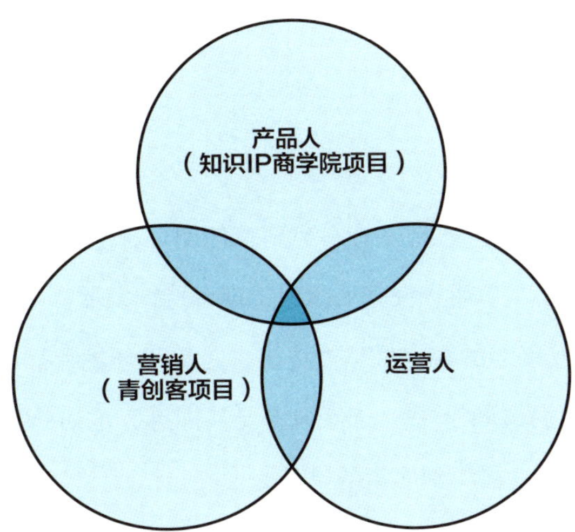

知识就是生产力:5G时代必备硬本领

本节复盘

学习五环法：复盘三步法；学会提问；知行合一；学会分享；让知识成为生产力。学完任何知识都要用五环法来检验一下自己真实的学习状态。

50

可持续发展：学习五环法，助力精力升级

学习五环法让学习形成了一个完整的闭环，它可以让你学习精力管理，助力职场、学业、家庭平衡，实现可持续发展。

“可持续发展”的观点最早被提出，是出于环境保护的目的。很多国家通过共同倡议制定了一套各国需要共同遵守的可持续发展基本原则。但“可持续发展”到底指的是什么？

可持续发展被定义为，满足当代人需要，又可以让后代有能力满足自己需求的发展模式。这是用在环保领域的定义。从个人财务角度来定义，可持续发展就是，你不仅今天能够生产这些财富价值，日后仍然能够生产出财富价值的能力。

很多人的财富获取其实是有今天没有明天的，非常不稳定。根据可持续发展的策略，我们需要订立一系列原则，比如持续性原则——你如何通过“知识”这项竞争力，让你个人的单位时间货币价

值不断提升。

人的单位时间货币价值 = 个人全部年收入 / 365 x 24

人的单位时间货币价值

你会发现，一个人只有不断地精进自我，才能实现可持续发展。为实现个人能力的持续升级，分享给你三条法则。

第一，学习能力。

这是职场中最重要的一项能力。我们称现在这个时代是“ABC时代”，分别指的是AI（人工智能）、Big Data（大数据）、Cloud（云服务）。如何在这样的时代中持续保持竞争力？学习能力永远是一项重要的安身立命的本事。

第二，不断掌握和适应时代变化下的大趋势。

但凡一个新时代到来，当技术的高速公路不断拓宽并发生重大升级的时候，相对应的就会出现新兴产业。4G时代就产生了微信、直播、知识付费等相关应用。但凡有新产业出现，就会有一拨人衰落，一拨人崛起。这是新时代青年人能够决胜于时代的关键时刻。有些人早已准备好，遇到时代变迁，他直接就能够冲上去；对另外一些人来说，他们没有任何准备，后知后觉，最后才发现原来自己还需要某些技能。当然，还有一类人，他们终其一生都没有抓住机会。

面对5G时代，你做好准备了吗？请思考：你能否适应新的时代环境？你有没有做产品人的能力？你能否根据时代特征去开发相应的产品？如果你不具备营销能力，你是否有把你的产品传达给用户、完成用户运营的能力？

历史的机遇从来只留给有准备的人。5G时代，想获得成功，需要具备三项核心竞争力。

第一项，拥有产品人的核心竞争力；第二项，拥有营销人的核心竞争力；第三项，拥有运营人的核心竞争力。产品人是从生产者角度（比如工厂的生产思维）来理解产品本身的设计与升级优化的过程。产品的生产处于不同的阶段，产品人就会有不同的思考。营销人需要知道怎么把产品以最优秀的方式传递给用户，这个过程相当关键。运营人要思考的是如何与用户产生连接，把更好的产品交付给用户。

第三，要掌握一套人生模式系统。

每个人都需要一套人生模式系统。2016年，我提出了“人生效率体系”的观点，主要是想解决一个人怎么做好自我管理的问题。我认为，想做领导者，你需要先研究清楚自己。对自己有充分的了解是这个时代对你的第一层需求！

然后进入第二层需求——我们如何洞悉人性。比如，在商场中如何应对竞争对手的攻击。就像《孙子兵法》中，很多兵法都是在研究对手的弱点及自己的长处。研究他人最重要的是对他人思维的了解。每个人都有不同的思维模式，思维的局限性会造成你很难用自己的思维去拆解他人的想法。对方的思维有可能比你的高级，因此就会使你们彼此难以理解。如果你拥有一套科学的思维体系，或者你的思维体系比对方更加全面、更加高级，那么你就很容易看懂对方。

第三层需求是研究模式。每个人的发展、创业、营收都有一套模式。你的模式该怎么建立？为什么你跟对方之间的关系会形成一套模式？对方跟你建立的所有关系，都会沿着这套模式进行。如程序一般，把苹果和梨一起放入榨汁机，最后就变成了混合果汁，这都是模式系统形成的。你观察过榨汁机里面的刀片吗？它的粗细设计直接决定了这杯果汁的细腻程度。

我把这三层需求称为“财富金三角”，研究自我、研究他人及研究模式集结到一起，便形成了一套“赢”的思维系统。

希望大家通过精力管理知识的学习，能从关注精力出发，了解我们到底应该如何睡、如何吃、如何运动、如何休息、如何拥有正面和积极的思维模式、如何解决情绪不良的问题。最后你会理解，人与人在以下这三点上差别极大。

第一，学习是任何能力形成的基础。你可以通过学习五环法，把任何学习的过程都拆解成这五环法，按照步骤进行。

第二，5G 时代的“硬本领”需求。如何做一个产品人、运营人和营销人，你是否对每一点都有细致的了解？是否能够在 5G 时代把握机会？

第三，人生模式系统。怎么了解自己、了解他人，以及了解你与他人之间的关系。

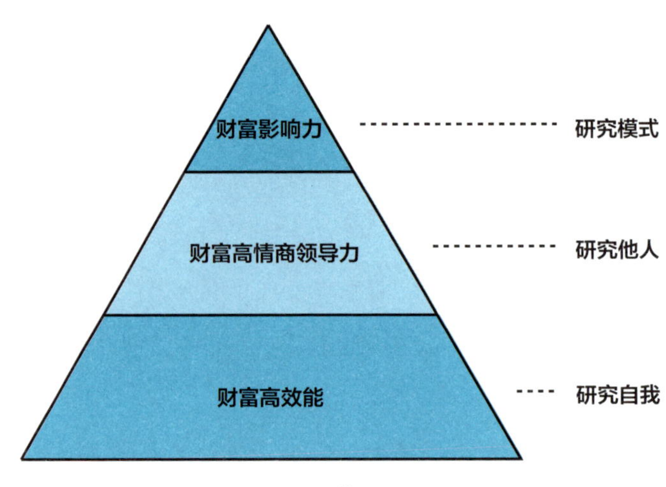

张萌“财富金三角”模型

希望你通过这三条体系，建构一套可持续发展的模式。这套模式是基于你的价值观，基于你的人格属性，同时也基于你对这个世界的理解而形成的。希望你通过学习精力管理，助力自我升级。

每个人的改变和成长都是看得见的，我不会停下脚步，我愿意持续与大家分享，陪伴大家共同进步。我们要相信自己，相信坚持的力量，持续遇见更好的自己。